后浪

LES VERTUS DE L'ÉCHEC

庆祝
我们的
失败

CHARLES PÉPIN

[法] 夏尔·佩潘 著

杨恩毅 译

上海文化出版社

哲学的疗愈力量
走出价值死胡同

夏尔·佩潘（Charles Pépin），毕业于巴黎政治学院和巴黎高等商学院，哲学教师、记者、作家。著有多部小说，包括《欢乐》(La Joie)、《不忠》(Les Infidèles)；散文集《一周哲学》(Une semaine de philosophie)、《沙发上的哲学家》(Les Philosophes sur le divan)等。他善用杂志专栏、定期讲座、广播电视节目、播客等渠道将哲学带进读者的日常生活，是世界上被译介最多的法国作家之一。国内引进出版过他的作品《自信的力量》《当美拯救我们》《柏拉图上班记》《智者星球》等。

引　言

　　夏尔·戴高乐、史蒂夫·乔布斯和赛日·甘斯布[1]之间有何共同之处？J. K. 罗琳、查尔斯·达尔文、罗杰·费德勒，以及温斯顿·丘吉尔、托马斯·爱迪生和芭芭拉[2]之间有什么相似的地方？

　　他们都获得了令人瞩目的成功？是的，但不止于此，他们都在成功前经历了失败。更让人欣慰的是，正因为失败，他们才获得了成功。没有对现实的抵抗，没有经历逆境，没有失败带给他们反思和振作的契机，他们可能无法成就自己的事业。

　　从第一次世界大战爆发开始，直到第二次世界大战中期，戴高乐沉寂了近三十年。但正是这些挫折锻造了他的性格，萌发了他的使命：让"法兰西的某种观念"存续下去。当历史的春风最终吹来时，他已做好了准备。他的失败让他坚强，助他做好抗争的准备。

爱迪生在发明电灯泡之前经历了无数次失败，他的助手都忍不住问他如何能忍受"上万次的'失败'"。爱迪生回答道："我没有失败，只不过是发现了一万种不可行的方式。"他知道，科学家只有在错误中才能学习，每纠正一个错误，就向真理迈进了一步。

甘斯布放弃了他一心追求的画家事业，他觉得这就是场悲剧。品尝着失败的痛苦，甘斯布转向了歌唱——在他眼里，这是门二流艺术。但也正因如此，他把自己从作画的压力中释放了出来。他作曲和演奏的才华、他著名的甘斯布之"手"，与这种放松的心态密不可分，而这正是失败带来的。

今天我们看费德勒打网球时，很难想象他在

青少年时期曾经历过怎样的失败，体会过多么怒不可遏的心情。那时他常常气得摔拍子。然而，正是这段时期成就了这位有史以来最优秀的网球运动员。没有这么多场输掉的对决，没有这些精疲力竭的时刻，费德勒后来就不会稳坐世界第一的位子这么久。他公平竞赛的故事、他"毫不费力"的优雅并非与生俱来，而是后天获得的，也正因如此，这些品质比天生的能力更美好。

达尔文先后放弃了医学和神学的学业。他登上贝格尔号环球航行，由此决定了他成为发现家的命运。如果学业没有失败，他可能就没时间踏上这趟改变他命运的旅行，也不会提出革命性的观点，直到今天我们还通过他的理论来看待我们人类自身。

一开始，夜总会并没有向芭芭拉敞开它的大门。当她终于能在夜总会里唱歌时，她却常常被喝倒彩。我们在聆听她演唱后来自己创作的雄壮歌曲时，会感到一种旺盛的生命力和强烈的同理心，这在很大程度上要归功于这些屈辱。去掉芭芭拉生涯中的失败，就是抹掉她演出歌单里最动听的歌。

这些例子说明，失败的美德不止一种，而是有许多。

有的失败磨砺反抗的意志，有的则让人松弛下来；有的赋予我们坚持下去的力量，有的则促使我们改变。

有的失败使我们斗志昂扬，有的增长我们的才智，还有的让我们有时间从事别的事业。

我们的生活、烦恼、成功中都充满了失败。但奇怪的是，鲜有哲学家论述这个主题。我从着手研究这个问题之时起，就在寻找古代伟大的哲人都说过什么。但我惊讶地发现，他们对这个问题兴趣寡然。既然他们思考了这么多精神与现实、"良好生活"与对抗恐惧、"我们想"和"我们能"之间的区别，也应该留下大量关于失败的著作，记录下失败这种感觉激发出来的思考。但并没有。

关于这个概念没有哪怕一部重要的哲学著作。柏拉图没有留下关于失败的智慧的对话；笛卡尔没有谈谈失败的美德；黑格尔没有论证过失败的辩证法。更让人不安的是，失败似乎与我们人的命运有着特殊的关系。

通过在各地做讲座的契机，我遇到了许多企业家和工薪阶层，他们因为破产、被解雇、丧失机会等而深感受伤。有的人在度过了童年、青少年和学生时代，甚至开始职业生涯之后，都不了解失败这种感觉。我发现，他们是最难从失败中重振旗鼓的人。

作为高中哲学教师，我经常看到有学生因为成绩不好而自责。显然，从来没有人跟他们说过，人会失败。这句话很简单：我们会失败。话虽简单，但我认为其中蕴含了某种真理。我们犯错和失败，显示了我们作为人的真相：我们既非完全受制于本能的动物，也非完美设定的机器，更非神仙上帝。我们会失败，因为我们是人，因为我们是自由的：自由地犯错、自由地改正、自由地进步。

不过，哲学家有时也会论及失败。古代斯多葛派离这个主题就很近了，他们教给我们接受的智慧，教育我们不要在痛苦之上再添新愁。尼采应该也提到了这个问题，比如他说："好些人不能挣脱自己的枷锁，却能做他的朋友的解放者。"[3]在萨特的存在主义哲学中，有关失败的论述就很明显了：如萨特所写的那样，如果我们一生都能生成，如果我们不被困在一个本质里，这是因为失败能将我们带向未来，能帮助我们重塑自我，这就是失败的美德。在巴舍拉[4]那里，失败的主题更为明确，他把天赋定义为"对最初的错误进行心理分析"的勇气。因此，这些哲学家将是我们的出发点，但这并不够，他们只是勾勒了一个大概。我们还需要在其他地方寻找失败的智慧：在艺术家的著作或者精神分析家的经验里找，在宗教著作或者伟人回忆录里找，在迈尔斯·戴维斯[5]启迪人心的思考里找，在安德烈·阿加西的人生经验里找，在鲁德亚德·吉卜林[6]美妙的诗歌里找。

1 赛日·甘斯布（Serge Gainsbourg, 1928—1991），法国歌手、作曲家、钢琴家、诗人、画家、编剧、作家、演员和导演。他是法国流行音乐界最重要的人物之一，曲风多元，体现了各种风格。——译注，下同。

2 莫妮卡·安德烈·赛尔夫（Monique Andrée Serf, 1930—1997）的艺名，她是法国著名音乐家，自己作词作曲，自己演唱。她创作的许多歌曲后来成为法国香颂的代表。

3 出自《查拉图斯特拉如是说》第一部，《朋友》篇，译文引自钱春绮译本（上海文化出版社，2020年）。

4 加斯东·巴舍拉（Gaston Bachelard, 1884—1962），法国科学、诗学、教育学哲学家，法国历史认识论的代表人物，影响了包括福柯、阿尔都塞、德里达在内的新一代哲学家。

5 迈尔斯·戴维斯（Miles Davis, 1926—1991），美国爵士乐演奏家、小号手、作曲家、指挥家，20世纪最有影响力的音乐人之一。

6 约瑟夫·鲁德亚德·吉卜林（Joseph Rudyard Kipling, 1865—1936），生于印度孟买，英国作家、诗人，1907年获诺贝尔文学奖，是英国第一位，也是迄今为止最年轻的诺贝尔文学奖获得者。

目 录

第一章

—— 失败是为了学得更快

法国的问题

法国，塔布市，1999 年隆冬。这个年轻的西班牙人才 13 岁。他刚在小冠军网球赛（Les Petits As）半决赛上失利，小冠军网球赛是一个非官方的面向 12 至 14 周岁青少年的世界锦标赛。击败他并最后夺冠的是一名法国运动员，与他同岁，身高也和他一样，却轻轻松松击败了他。这名小天才正是人称"法国网球的小莫扎特"的里夏尔·加斯凯。有专家断言，没人在这个年龄对网球的掌握能达到他的水平。9 岁时，加斯凯就已经登上《网球杂志》头条，标题是《法国梦寐以求的冠军》。他完美的姿势、单手反手击球的美感、比赛时的攻击性，无不打击着对手的自尊心。与里夏尔·加斯凯握过手之后，这名来自马略卡岛[1]的少年就一下子瘫坐在椅子上，泄了气。他的名字叫拉斐尔·纳达尔。

这天，纳达尔没能成为他这个年龄段的世界冠军。无论是谁今天再看这场比赛（网上可以观看），都会被加斯凯的进攻所震撼：他回球很早，打得对方措手不及。然而，奇怪的是，这种凶猛的击球方式却让人想起纳达尔的成功秘诀，他后来保持了多年的世界排名第一，赢得过100多次赛事，其中包括22次大满贯冠军。加斯凯成了一名伟大的球员，最高曾获得世界排名第七，但他还从未赢得过大满贯，并且总共只赢得过九个冠军。无论他未来成就如何，他职业生涯的高度都无法与纳达尔相提并论。于是，问题出现了：差别到底在哪儿？

回顾纳达尔的历程能给我们答案。他年轻时就经历了诸多失败：他常常输掉比赛，还掌握不了经典的正手技术，这迫使他发展出与众不同的正手技术，在击球后把球拍像套马索一样高高扬起，这种不可思议的姿势成了他的标志动作。这次被加斯凯击败后，二人又在赛场上交锋了14

次。毫无疑问，这场比赛之后，纳达尔对自己的比赛更加投入，与伯父兼教练托尼·纳达尔进行了深入的分析。显然，那天在塔布市的失利教会他的东西，比他赢下比赛学到的还多。他在一次失利中学会的东西，可能十场胜利都无法教会他。也许输给加斯凯的时候，他已经掌握了那些进攻性手法，这并非不可能。我相信，纳达尔需要这次失败才能更快找到自己的天赋。第二年他就在小冠军网球赛上夺冠了。

加斯凯的问题也许正在于此：从踏上网球场的第一天直到16岁，他轻轻松松获得了一系列成功。在他宝贵的成长岁月里，他失败得是否还不够多？他开始失败时是否为时已晚？他是否因为几乎没有遭遇过失败，而缺乏对这种逆境的体验？这种体验让我们质疑失败、分析失败，让我们在奇怪的聒噪声中感到错愕。成功让人舒适，但却不如失败一样充满教益。

有时只有输掉战斗才能获胜——这个说法自相矛盾，但我相信它蕴含了人类生存的秘密。

所以，让我们赶快失败吧，这样我们经历的真实
比成功更多。让我们质疑失败，我们会从各个角
度审视它。正因为失败抵制我们，我们才能从中
找到支撑点，成为我们起飞的动力。

　　一些美国硅谷的理论家在研究创业者如何
重新崛起时，会称赞"快速失败"，以及"快速
失败，快速学习"的好处，强调早期的失败有诸
多益处。在成型期，大脑渴望学习，能够立即从
与它相悖的东西中学有所获。专家们声称，经历
早期失败并知道如何快速从失败中吸取教训的企
业家，比那些事业顺风顺水的企业家成功得更
好、更快。他们坚信依靠这些经历的力量，即使
失败，也比依靠最好的理论成长进步得更快。

　　如果他们所言非虚，我们就能明白优秀的
学生正是缺乏这些经历，他们一丝不苟、循规蹈
矩，进入职场前从未犯过错。他们从简单地循规
蹈矩、言听计从中学到了什么？他们会不会想要
体验这种触底反弹的感觉？这种反应在我们不断

变化的世界中具有至关重要的意义。

　　身为哲学老师，我经常研究早年失败的益处，以及这些失败如何让人更快成功。

　　哲学是高三新开的科目。学生需要用从未有过的方式自己进行思考，他们对获取的知识拥有从未有过的自由度，必须敢于在最广的范围内，对问题提出质疑。我以从事哲学教学20年的"后"见之明确定，漂亮地搞砸第一次哲学作业，往往比不经反思地拿到一个平均分要好。第一次很低的分数能让学生的思维发生学习哲学所需的根本性转变。快速地失败，然后给自己提出真正的问题，要好过稀里糊涂地成功，接下来的进步会更加快速。在这个过程中，一旦接受了失败并进行反思，那么通过失败迈过哲学的门槛要比成功容易得多。

　　我长期在巴黎政治学院遴选考试的暑期预备班教哲学，按照预备班的课程设置，哲学被称作通识课。课程十分密集，授课地点在索镇拉卡纳尔高中的大花园里，上课的都是高中刚毕业的

学生。暑期班从七月中旬开始，历时五周，遴选
考试在八月底至九月初举行。我在课上也观察到
了同样的现象，甚至表现得更快。暑期预备班刚
开课时成绩能上巴黎政治学院的学生，在暑期结
束时却往往考不上。相反，一开始成绩一塌糊涂
的学生当中，不少人却在五周后表现优异，最终
考入巴黎政治学院。在这次失败，即一开始的"危
机"之际，他们能直面等待他们的新的现实情
况，而此时，在暑期班一开始就拿到平均分数的
人还什么都没意识到。失败让他们觉醒，而其他
人则躺在自己微不足道的成功之上呼呼大睡。因
此，并不算长的时间——五周——便足以表明，
接受失败比避开失败有益。在一次快速的失败之
后迅速纠正，比没有失败更好。

　　这似乎是理所当然的想法，但在法国却十
分少见。美国的理论家们在提出"快速失败"
的理念、论述快速失败优点的同时，把相反的理
念称为"快车道"，即认为迅速成功是决定性的，
必须尽快让自己置身于成功的轨道上。这在诸多

方面符合法国对成功的构想，这种想法正是本书所针对的目标。我们似乎中了"快车道"观念的毒。

在美国、英国、芬兰，以及挪威，企业家、政治家和运动员喜欢突出他们在职业生涯初期遭遇的失败，并自豪地展示它们，就像战士展示自己的伤疤一样。相反，在法国这个古老的国度，我们却用和父母还住在一起时获得的文凭来定义自己的一生。

我去企业做讲座时经常遇到一些干部和领导，介绍自己是"76 届的 HEC""89 届的 ENA"或者"80 届的 X"，他们指的是 1976 年巴黎高等商学院、1989 年国家行政学院，以及 1980 年巴黎综合理工学院的毕业生[2]。每次我都很惊讶。其中隐含的信息很明确："我 20 岁拿的文凭给了我一辈子的身份和价值。"这是"快速失败"的反面：不是要快速受挫，而是要快速成功！一劳永逸地保护自己免遭风险，在规划的职业轨道上安顿下来，用 20 岁时取得的成功来定义自己一生，这么做似乎非但可行，甚至更合

乎我们的期望。痴迷于年轻时获得的文凭，我们
怎么会不对生活产生恐惧、对现实感到忌惮？幸
运的是，我们与现实的对立无处不在，而失败往
往让我们更快地回到现实。无论如何，加斯凯和
纳达尔各自的运动员生涯似乎已经证实，最好从
成功的轨道上跳出来，而且越早越好。这也是测
试自己抗压能力的时机。这确实又是失败的一个
美德：你必须先失败，才能从失败中恢复过来。
所以不妨早点开始。

在中小学教育体系中，我们也能找到"快
车道"这种落后观念的副作用。教师分为两类。
没有通过中学、大学教师资格会考，而只获得了
中学教育教师资格证[3]的老师，每周要上18个小
时的课。通过了教师资格会考的老师，则每周只
用上14个小时的课，薪水还更高。这种差距会
随着职业生涯的推进而不断拉大。可以说，我们
离"快速失败"观念还很远……那些22岁没能
通过教师资格会考的人，要面对更少的薪水和更
长时间的工作，直到生命的尽头。这个体系荒谬

透顶，完全否定了经验的价值。

在这样的法国，学生们刚踏入高一的门槛就得知道自己想学什么，他们因此会担心进入高二就发现自己并不擅长选择的科目。当有人提醒他们不要选错科目时，他们甚至还不到 16 岁。我们应该让他们安心，告诉他们，一开始犯错，有时能让他们更快地找到自己的道路，有些失败能比成功让人进步更快。我们应该告诉他们，纳达尔虽然那天输给了加斯凯，但他实际上赢了。或者跟他们讲讲波士顿医学院的老师是如何挑选考生的。由于立志"行医"且看起来满足所有条件的学生太多，波士顿医学院的老师优先考虑的竟是经历过失败的考生。最受欢迎的学生是那些选择了其他专业，但后来意识到自己入错了行，并最终决定"行"医的人。的确，老师们认为，错误的选择让他们更快成长，更快找到自己的志向——简而言之，更好地了解自己。更简单地说，这些人降低了招进来的学生在几个月之后意识到自己不想成为医生的风险：他们已经换了一次车道，不太可能再换一次。

　　受困于法兰西这种"快车道"观念的不仅仅是高中生和大学生。对于一个法国企业主来说，破产都是一个难以逾越的障碍。大多数时候，他会停滞不前，很难为新项目找到资金。在美国"快速失败"的文化中，他知道怎样向人讲述自己的失败，这次失败会被看作一次经历，一种成熟的证明，表明他至少犯过一种类型的错误，他以后就不会再这么做了。与从未失败过相比，他获得信贷也更加容易。法国却恰恰相反。直到2013年，法兰西银行都有一份"040档案"，记录了经历过司法清算的企业主。榜上有名就意味着被烙铁烙下了印记，可以肯定，他的新项目再也无法融到资金。所幸的是，后来出台的法律让"040档案"成为历史，但它对银行家和投资人的影响却持续存在。

　　失败，在法国意味着有罪，而在美国，却意味着大胆勇敢。在法国，失败的年轻人就是离经叛道；而在美国，那意味着你年轻时就开始寻找自己的道路。

最后，法国的问题揭示了，我们太看重理性，过于重视那些标志着理性胜利的文凭，而对经验重视不足。作为柏拉图和笛卡尔的传人，我们理性主义有余，而经验主义不足。大多数经验主义哲学家都是盎格鲁－撒克逊人：约翰·洛克、大卫·休谟、拉尔夫·沃尔多·爱默生等，这绝非偶然。休谟说，我们所知道的一切，都来自尝试。几个世纪之后，美国人爱默生又再次说道："人的一生就是进行尝试，尝试得越多，生活就越美好。"

然而，失败的经验是关于生活本身的经验。当我们醉心于成功时，我们常感觉自己飘浮在半空中。这是自动出现的情况，不是我们"主动实现"的。相反，失败时，我们会遇到一个并不熟悉的现实，与我们产生冲突。这种状况让我们惊讶，把我们抓住，没有理论能够界定它：这不正是对生命的一种定义吗？我们越早失败，就越早质疑它。这是成功的条件。

---

1 马略卡岛是西班牙巴利阿里群岛的最大岛屿，位于西地中海，是
  著名的旅游点。
2 这三所学校都是法国的精英大学。巴黎高等商学院多个专业世界排
  名第一，国家行政学院被誉为"法国总统的摇篮"，巴黎综合理工
  学院的校友中涌现了许多顶尖科学家和著名企业家。
3 中学、大学教师资格会考（agrégation）和中学教育教师资格证
  （CAPES）是法国两种教师资格证，持有其中之一即可在中学教
  书。中学、大学教师资格会考创建于路易十四时期，历史悠久，考
  试难度很大，是对通过者学术能力的高度认可，在社会上被视为
  一种荣誉。而创立于 1950 年的中学教师资格证则没有前者那样的
  名气。

第二章

——

错误是理解真理的唯一方法

认识论的解读

"真理只是被纠正的错误。"

——加斯东·巴舍拉

哲学家兼诗人巴舍拉对科学家的定义是：知道自己最初的错误，并勇于改正。

　　他认为，伟大的科学家和我们一样，一开始也会犯错，对事物也会有错误的看法。他们会认为海绵"吸水"，或者一根木头能"浮起来"。但他们之所以成为科学家，就是因为他们不止步于最初的想法。他们会做实验来验证想法的真实性，并且在触及现实、触碰到自然的法则时，拥有更正自己的非凡勇气。他们会认识到，海绵并不会"吸"任何东西，而是周围的水浸润到海绵的空腔中。同样，木头也并非自身漂浮起来的施力方，这只是木头的质量与排出的水的体积相比的结果，是阿基米德原理。因此，巴舍拉断言："真理只是被纠正的错误。"

在《科学精神的形成》一书中，巴舍拉重新审视了科学史，提出没有一个科学家不经错误就能发现真理。与打赢法式台球一样，通往真理的道路并非直截了当。我们的第一直觉太过幼稚，不可能揭示自然的法则。直觉表现的是我们的思想如何运作，而非世界如何运行。因此，我们必须看到第一直觉的失败之处才能接近真理。巴舍拉写道，必须"把第一直觉这个混杂体打散瓦解"，这就需要付出精力、鼓起勇气。被纠正的错误如同一块跳板，是求知路上的推动力。错误并不会一下子就让我们学习得更快：对于科学家来说，纠正错误是学习的唯一方法，是发现真相的唯一途径。一个没有遇到问题的科学家，没有失败的第一直觉，就永远发现不了任何东西。

通用电气的创始人爱迪生一生申请了上千项专利。他发明的留声机让电影成为可能。但在此之前的1878年，他整晚整晚地待在新泽西的工作室里，想要发明电灯泡。他沉迷于自己的研究，每晚只睡4个小时，尝试了数千次，最终在充满气体的灯泡中把一根钨丝加热到白炽状态。
为什么他没有绝望？是什么支撑他坚持实验？人
们通常会用非凡的意志来回答这些问题，似乎他
成功的秘诀就在于坚持不懈。这种想法忽视了最
关键的一点：让爱迪生着迷的，是这些失败教会
他的自然法则。他知道必须失败之后才能成功，
从来没有科学家能一眼就觉察到真理。最终，爱
迪生点亮了第一盏电灯。他惊人创造力的秘密在
于他与现实的关系。他从来没把现实看作一块任
他揉捏的橡皮泥，可以展现他的力量。恰恰相反，
他把现实看作需要质疑的问题，一个值得探讨的
谜，一个取之不尽的奇迹之源。

　　他的态度向我们展示了我们应如何改变对
失败的看法。即使钨丝没有成功，爱迪生也没有
"失败"：尝试就是成功。他坚守着自己的好奇
心。他知道，一开始的不理解是接近真相的唯一
方法。

　　阿尔伯特·爱因斯坦一针见血地指出："一
系列的成功证明不了真理，而只需一次实验失败

就能证明理论是错的。"一个理论被实验验证并不能证明它是正确的，证明其无效的实验可能还没有做出来。而反过来，如果有一次实验无效，那就证明理论是错误的。

因此，对于我们的认知而言，证明理论无效的实验比成功的实验更能取得决定性的进展。日本有句谚语："我们从胜利中所学甚少，从失败中所学甚多。"科学家的毅力没有别的原因。即使他们没能验证自己的假设，他们也没有浪费时间，他们在进步。他们忍受失败，因为失败向他们揭示了事物的一些本质。

所有的实验室——医学、神经科学、生物学、物理学、天文学——都在教授失败的好处。研究刚一展开，实验室就开始分析错误，研究人员会觉得犯错很正常，甚至把错误当作真理的甘露。这与法国学校对待错误的方式完全不同。当然，法国肯定也有老师深信学生会在错误中学习，但教育体系却似乎对此置若罔闻。年轻的学生没能理解所学的内容，或者只是没能把教授的方法应用于实践，就会遭受批评，不被老师喜欢。我们既然理解了巴舍拉的谠言嘉论，为何还让学生承受这种奚落？作业没做对的学生常常被指着鼻子批评。人们往往把他们成绩差归咎于偷懒、不用心，或者更糟糕的情况——不够聪明。成绩差只是学习知识过程中的一个阶段。但令人惊讶的是，大多数法国小学一二年级的学生都把犯错看成一种羞辱，而全世界的研究人员却认为这是正常、有益且必要的。

国际学生能力评估计划（该计划由经合组织开展，旨在衡量各国的教育成效）的多项成果表明，法国年轻人似乎对犯错误过于恐惧。这可以从他们面对多项选择题时的行为中得到证明：尽管他们的知识储备高于平均水平，但他们宁愿不回答问题，也不愿冒答错的风险。在他们接受的教育中，犯错的价值被严重低估，甚至被认为是悲剧和耻辱。

必须告诉我们的学生，多少天才、科学家、艺术家曾经犯过错；必须让他们知道，大师巨匠通过犯错学习理解到了多少东西，如果没有犯错就绝不会学到这么多。当我们看到马塞尔·普鲁斯特[1]的手稿，尤其是保存在法国国家图书馆的《在少女们身旁》时，我们会惊讶于手稿有大量的删减和润色，许多句子被修改或移动过。有的段落最终能够成文，唯一的办法似乎是一开始就不知道怎么写。漂亮的文章并非一时之功。必须一次又一次地失败，失败得越来越好，最后达到目的。这可能就是塞缪尔·贝克特[2]说"失败，失败得更好"的意思。这是贝克特对艺术家的职业所下的定义，也是成功生活的秘诀。

网球运动员斯坦尼斯拉斯·瓦林卡是2015年法网冠军、2014年澳大利亚网球公开赛和戴维斯杯冠军，他似乎对这一点非常清楚：他的左前臂文有出自贝克特散文集《最糟糕，嗯》的名言，并且是完整的一段："尝试过。失败过。无所谓。再试。再失败。失败得更好。"当被问及为什么选择文这段话时，他回答说，贝克特的话一直支撑着他，在他看来，没有比这更充满希望的文字了。

艺术创作中的失败与科学家犯错十分相似：这个过程让人痛苦，但艺术家都认为要成就最后的作品,这一步必不可少。没有错误文化,失败会让人愈发感到痛苦不堪,艺术家和科学家就会像我们一样,被挫败感击倒。但实际情况却恰恰相反,虽然他们有时会感到痛苦,但仍会毫不迟疑地重返工作,对每一个小进步充满热情,睁大着眼睛,心中充满喜悦。实际上,把"正常"的错误变成痛苦的失败的原因,是挫败感这种糟糕的感觉。错误文化可以预防挫败感。

每个对科学心生畏惧的学生都应该知道,科学家首先是一个会犯错的人,而科学进步就像巴舍拉所说的那样,只是经过一系列纠正的结果。每个被法语论文题目难倒的学生都应该看看普鲁斯特密密麻麻修改过的手稿。至于老师们,当学生交上来的作业很差时,与其用"作业乱七八糟"或者"能力不足"来羞辱他们,为什么不给予更具包容心的评语,比如"向普鲁斯特学习,重写你的作文"?

俗话说,"犯错乃人之常情"(L'erreur est humaine.)。这句话被我们通常理解为犯错并不严重，"可以原谅"。但它可能有另一个更深的含义，这正是巴舍拉的著作所阐述的：错误是人类的学习方式，并且只属于人类。动物、机器、神灵——如果有的话——都不会通过这样的方法学习。

这句谚语的起源已无从考证，在斯多葛派作家——比如塞内卡和西塞罗——以及基督教作家——比如圣奥古斯丁——的作品中都能找到。但我们往往在引用时却没有引用完整："犯错乃人之常情，重蹈覆辙则是魔鬼。"（L'erreur est humaine, la reproduire est diabolique.）事实上，如果人只能从错误中学习，那么重复犯错就是让自己陷入无知，什么也弄不明白。

一位企业主曾对我说："我的员工第一次犯错时，我会说干得好，但如果他第二次以同样的方式出错，我会说他是个蠢货。"我一开始不喜欢这句话，觉得这句话充满了傲慢甚至蔑视，那意味着把伟大的艺术家和科学家的教训抛诸脑后。如今，我觉得这句话非常有道理。

1 马塞尔·普鲁斯特（Marcel Proust, 1871—1922），法国著名意识流作家，代表作有《追忆似水年华》，《在少女们身旁》是其中第二卷。

2 塞缪尔·贝克特（Samuel Beckett, 1906—1989），爱尔兰作家，荒诞派戏剧的代表人物，代表作有《等待戈多》，1969 年获诺贝尔文学奖。

第三章

—

危机是一扇打开的窗户

我们时代的问题

"危险中孕育着救赎。"

———弗里德里希·荷尔德林 [1]

作为"凯罗斯"的危机

我们经常把失败看作一扇关上的大门。但如果它也是一扇打开的窗户呢？

这就是法语"危机"（crise）这个词的词源含义，它来自希腊语动词"krinein"，意思是"分离"。在危机中，两个元素被分开，出现了一个裂口，一个让我们可以看到别的东西的空间。从字面上看，这就是一条裂痕：一个可以看到外面世界的开口。希腊人使用"凯罗斯"（kaïros）这个词来指代现实以前所未有的方式展现在我们面前的时刻，它可以被翻译为"有利的时机"或者"恰逢其时"。说危机是一个"凯罗斯"，就是把它看作一个了解被隐藏的信息、看到被掩盖的东西的机会。

我们在所有领域试验着危机的这种好处，不管是生物科学还是经济学，无论是人际关系层面还是政治层面。

因此，医学进步史本质上就是疾病的历史。医生正是通过研究处在危机中、无法正常运转的身体，才拓展了认知的范围，每一种新的疾病都为理解人体新陈代谢打开一扇窗户。正是对静止人体的研究才让我们对"人如何行走"有了更深的认识。例如，糖尿病病患让医生想了解我们体内的糖是如何产生、血糖含量是如何调节的。没有糖尿病患者，医生也许会更晚才发现胰岛素在调节血糖含量中的作用。

我们使用的工具也是如此，"失败模式"常常能启迪反思和理解，提出我们不会问自己的问题。谁不是当汽车在荒无人烟的乡村发生故障后，打开引擎盖，才第一次想知道发动机是如何工作的？是的，只有当汽车出毛病时，我们才想知道它是如何运转的。承认吧，当我们开着车在阳光大道上疾驰时，我们是不会去想这个问题的。这时一切都让我们陶醉，让我们放飞自我。失败的智慧从第一次故障开始：引擎盖就像打开的一扇窗户，促使我们了解发动机的工作原理。

同样，每次飞机失事之后都会进行独立调查（由分析调查局进行，针对所有涉及法国的民航事故），调查结果会发布给所有空中交通的参与方，因为每场悲剧都包含与飞行安全有关的有用信息。2009 年，里约热内卢至巴黎航班的空难是法航历史上最严重的一次事故。事后黑匣子分析表明，泰雷兹集团制造的皮托管故障是一个决定性的原因。冰晶阻塞了皮托管，干扰了速度的正确显示，飞行员因此在起飞后未能正确操控飞机。随后，法航和其他航空公司在所有飞机上更换了皮托管。这次事故是乘客安全普遍得到改善的"凯罗斯"。

历史上充满了打开未来窗口的危机以及成为"凯罗斯"的悲剧时刻。世界历史课本上都会写 1944 年 6 月 6 日盟军在诺曼底登陆，但很少提及，这次行动源于 1942 年"庆典"作战计划失败。1942 年 8 月 19 日清晨，一支由加拿大和英国士兵组成的盟军队伍试图在迪耶普[2]登陆，遭遇惨败。派出的 6000 名士兵中有 4000人阵亡或被俘。盟军错在未经空中或海上轰炸就强行登陆，从正面攻击防御严密的港口。这场危机之后，盟军明白了要想成功，他们在法国海岸线上的登陆行动必须有掩护，甚至需要提前采取转移注意力的行动。

生活中的危机同样给我们教益。伴侣间的危机常常让彼此更加理解对方的期待，以及两人如何能——或者不能——继续幸福地待在一起。难道抑郁症不是一份异常痛苦的邀请函，为我们打开一扇窗户，让我们看到我们不想看到的东西？这可能正是抑郁症的作用：强迫我们停下来思考自己，思考我们的存在与期望之间的差距，思考我们的拒绝和否认，思考我们无意识的欲望。在经历这种精神崩溃之前，我们中有多少人从未思考过自己的无意识？就像只有当车开不动时，我们才会屈尊自问"它是如何运转的"。抑郁的症状表明，在意识的"保护之下"，有一些东西需要厘清、解码或者被倾听。然后，我们就可以开始一场有益的冒险，开启一次精神分析，更加了解自己，更清楚地知道自己的复杂性，换句话说，让我们更明智。抑郁可以成为一个"凯罗斯"，一个打开我们内在之谜窗户的时刻。

如果说资本主义历史上的多次危机也是了解资本主义本质的窗口，那么，危机一而再地重复似乎表明，分析危机所揭示的问题并非那么容易。

以 2008 年的次贷危机为例。这场危机迅速在全球蔓延，金融危机扩散到实体经济，投机泡沫破裂，而这本该预料得到……尽管 2008 年的危机与 1929 年股市崩盘并不相同，但二者相似的地方实在太多，让我们很难相信经济学在这期间有任何进步。经济学家希望像航空工程师一样，每经历一次事故都能提高系统的稳定性和可靠性。但经济领域取得的进展还很难说。这次危机提醒我们，必须保持警惕，做好准备，才能真正抓住机会，在危机中发现问题。打开的窗户并不意味着我们一定能理解向我们袒露的东西。

　　危机，无论有关身体还是心灵，无论发生在历史舞台上还是出现在私人生活中，都会把现实撕开一道口子，突然把隐藏在后面的东西呈现在我们面前。德国诗人荷尔德林的诗正是这个意思："危险中孕育着救赎。"要等"救赎"出现，就必须睁大眼睛。

我们的集体危机

　　当前，法国正经历着政治、社会、经济以及最重要的"身份"危机，思考荷尔德林的这句诗可能有所助益。我们的代议制度失效了，我们再也代表不了法国，更代表不了欧洲，我们对选出的代表也失去了信心。每任总统都刷新了前任不受欢迎程度的纪录，主流政党被激进分子抛弃。很多时候，我们必须身处国外才能重新找回当法国人的感觉。即使在遭到恐怖袭击之后，我们真正实现民族团结的时间也只有几天。难民危机让我们看到了身份认同的危机，我们不知道应该接收还是拒绝他们。我们一直宣称自己是人权的祖国，但只接受了上万难民，而德国接收的难民数以百万计。然而，虽然我们不会像奥地利那样完全对难民关上大门却仍然满口人权，行为却已十分相似。这种分裂表明我们已经不知道自己是谁了。我们丧失了命运共同体的意识，失去了诉说自我和讲述自己故事的途径，本质上，我们已经不知道"作为法国人"意味着什么了。

集体危机也是一扇打开的窗户。正如荷尔德林那句诗所说，危机同时揭示了"危险"和"救赎"。武断地把目前的困难看作我们辉煌过去的终结，就是没有认识到所有危机都蕴含着这个可进可退的真理。担忧蒙蔽了我们的双眼，我们忘记了危机不只是结束，也是开始。危机都是突然的转变。如果只盯着过去，嘴里一直说着"以前好得多"，我们就不会深入思考危险的本质，从中找到可以拯救我们的东西。

要做到这一点，我们必须集中精力，最重要的是，不要躲进幻想中的过去或者唠叨、抱怨

个不停，以此来逃避复杂的当下。如果我们真的
认同荷尔德林的诗，我们就会以不同的方式来看
待这场危机：它会激发我们的好奇心，而不是让
我们陷入忧郁。我们会走到窗前，虽然忧心忡忡，
但满怀热情，去发现黎明的希望。

任由自己被身份认同危机所吞没，沉湎于
害怕和悲叹中，畏畏缩缩，这就是向悲伤的情绪
投降。那些对我们没落的强大感到惋惜、为我们
无休止的衰落而悲痛的人，都想把我们拖入他们
的悲痛之中。没有什么比充满希望的灵魂更能激
怒悲伤之人。

"万物皆有裂缝，那是光照进来的地方"，
莱昂纳德·科恩[3]在《颂歌》中唱道。危机就像这
些裂缝：裂缝把光过滤进来，让光变得更强。

如果关于西方（Occident）——字面上的
"日落之地"——的真理出现在这条光线之下
呢？历史学家帕特里克·布舍龙在法兰西公学院

的第一堂课上考问何为真正的西方。他认为，真正的西方存在于"衰落之光"中，并不存在于明确而直接的力量感之中。他强调，历史上的西方人不管身处哪个伟大的时期，都觉得西方在衰落。作为中世纪的专家，他指出，宗教战争时的人们就不觉得西欧这个概念有什么积极意义了。用另一位历史学家吕西安·费弗尔的话来说，那时的人们是"16世纪的悲伤之人"。他说，在这些人之前，西欧和"马格里布"[4]（"Maghreb"，来自阿拉伯语"al Magrib"，意为"日落之地"、西方）一样，是一个通用地理概念，除此之外并没有任何意义。对阿拉伯地理学家来说，马格里布即日落之地和不祥之兆。马格里布因此与"马什里克"（Mashrek）对立，即"黎凡特"[5]，"日出之地"。费弗尔还说："谈到西方的衰落，总有一种有点可笑的感觉，因为西方的名字就是指夜晚即将到来的土地。"但对于布舍龙而言，西方的真与美恰恰在这种"衰落之光"中展现出来：这种担心让我们成长，这种自我怀疑表现的是高度的文明。

"这个'我们'是谁？"布舍龙问道，"身份认同的退步可悲可叹，是我们的现代性挥之不去的阴影，如果它伤害到今天这个'我们'……那是因为'我们'忘却了历史最宝贵的遗产，就像欧洲之痛。身处世间，强烈的担忧，应该成为成就伟大和永不满足的强大推动力。"

因此，按照布舍龙的说法，西方的特点是辉煌里总是夹杂着隐忧，并把自己的不满足变成一种动力、一种人文主义的力量。他感到遗憾的是，我们的担忧让我们走向封闭，导致"可悲的身份认同退步"。

我们正在经历一场失败。曾经让我们沐浴温暖的太阳正在下落。这不再是一片可以和谐共处的土地，不再是一个能融合不同族裔，将他们纳入单一共和国价值观的国度。曾经，全世界都能听到我们的声音，如今却传不远了。除了时尚、奢侈品和美食等少数领域，我们不再是其他民族的榜样。但是，如果我们还记得，我们，西方人，如何能在"日落之光"中展示我们的伟大，那么这次失败会让我们重新振奋。

亚里士多德警告我们：抓住"凯罗斯"并不容易。在希腊神话中，凯罗斯是一个光头但扎着小马尾辫的神。人想要抓住他，手就会从他光滑的头皮上一划而过……除非能抓住他的小辫。为此必须眼疾手快、不怕困难。也许这正是我们今天所缺少的。执着于虚构的过去来捍卫一个一成不变和封闭保守的法兰西身份，甘于恐惧而拒绝时代的改变，这是向简单和容易退缩。历史证明，甘于恐惧比唤醒勇气更容易，但也更危险。

要理解结束和开始、失败和希望、悲伤和欢乐可以同时存在，这不是一件容易的事。对汉娜·阿伦特[6]来说，真正的政治是"开辟一个新时代"，否则就只是对时事的简单管理。阿伦特是《文化的危机》一文的作者，她认为，政治的美德本质上是"肇始之德"。因此，让我们直面我们的集体危机，问一句：什么开始了？更准确地说：什么有意思的东西开始了？屈服于本能的烦恼就是逃避这个属于政治范畴的美好问题，转而沉迷于另一个问题，即失去了什么？第二个问题一开始可能合情合理，但当它成为唯一的问题之后，就不再有存在的理由了。任由它抹去其他问题，就是同时无视危机的美德和政治的美好。

---

1 弗里德里希·荷尔德林（Johann Christian Friedrich Hölderlin，1770—1843），德国浪漫派诗人，其作品体现了诗学和哲学的复杂关系，在 20 世纪才被重视，被认为是世界文学领域里最伟大的诗人之一，对现代欧陆哲学影响深远。

2 迪耶普（Dieppe），法国北部城市，濒临英吉利海峡。

3 莱昂纳德·诺曼·科恩（Leonard Norman Cohen，1934—2016），生于魁北克蒙特利尔西峰，加拿大创作歌手、诗人、画家及禅僧。他的作品中充满对宗教、孤独、性以及权利的探讨。

4 马格里布（Maghreb）在阿拉伯语中意为"阿拉伯西方"。公元682 年，阿拉伯人到达北非摩洛哥海岸，被大西洋所阻，不能再前进，以为是最西的土地，故名。后逐渐成为摩洛哥、阿尔及利亚和突尼斯三国的代称。

5 黎凡特（Levant）在法语中，意为"太阳升起之处""东方"。20世纪前，通常指小亚细亚和叙利亚沿海地区；有时也指延至埃及的地中海沿海岸一带。

6 汉娜·阿伦特（Hannah Arendt，1906—1975），德国犹太人，20世纪最重要的政治哲学家之一。著有《人的境况》《艾希曼在耶路撒冷》等。

第四章

失败彰显自己的品格

辩证法的解读

"困难会吸引有品格的人，因为只有拥抱困难，他才能实现自我。"

——夏尔·戴高乐

1950 年，莫妮卡·赛尔夫离开巴黎，希望在布鲁塞尔实现她当"歌唱钢琴家"的梦想。她既没有资源，也没什么知识，很难找到愿意给她机会的歌舞厅。后来终于有歌舞厅接受她，她想演唱艾迪特·皮雅芙[1]或者朱丽叶·格雷科[2]的歌，但不得不停下来，因为观众的嘘声太大了。不过，她在舞台上表现出来的东西不会因此消失：一种朴实无华的风格，一种与时代格格不入的刚性。1951 年底，她回到巴黎开始新一轮试镜。她在鲍里斯·维安[3]和马塞尔·姆卢迪[4]表演的四季之泉歌舞厅试演之后，终于得到了一个工作机会——在厨房做洗碗工，雇用期一年。她接受了。这时她还不叫芭芭拉。

失败并没有让她改变初心。恰恰相反，正因为失败，她才能够衡量自己的能力，彰显自己的品格。实际上，失败是对梦想的考验。我们可以借此机会反思我们的追求，比如，我们可以认识到，自己之所以失败，是因为这并非真的是我们的追求。或者与此相反，就如同芭芭拉一样，我们虽然失败了，却感受到渴望的持久不衰的力量，意识到这种渴望是我们一生追求的事业。在接受这份洗碗工的工作十多年后，芭芭拉终于获得了成功。她创作和演唱的一些歌曲成为法国最能打动人心的作品，比如《我最美好的爱情故事是您》《黑鹰》、卓越的《喂，你什么时候回来？》，以及让人心碎的《南特》。听芭芭拉唱歌，看她站在舞台上的神态，留意她的歌词，我们就能发现，她的品格力量是在逆境中锻造出来的。当她唱道"如果你不明白，你必须回来，我会把我们俩作为我最美好的回忆，我会继续我的旅程，世界让我惊奇，我会找另一个太阳温暖自己，我没有海员妻子般的美德"——我们能感受到一股在艰难道路上不断淬炼的生命力。

在《南特》一歌中，芭芭拉讲述了她来到南特这座城市，她的父亲——这个曾在她小时候虐待她，如今已不再联系的人——在这里已是将死之人："这个流浪汉，这个不辞而别的人，他又回到了我身边……"但她来得太晚了："我一个问题也没问，对这些陌生的同伴，我什么也没说，但当我看到他们的眼神时，我知道一切都已太晚。"在父亲葬礼后的第二天，她就开始创作这首扣人心弦、令人肃然起敬的歌曲。正如她在《黑鹰》中讲述的那样，这首歌里提到的这个男人偷走了她的童年，但仍想要"在死之前，用她的微笑温暖自己"。他死时"没有告别，没有我爱你"。童年波澜不惊的人写不出这样的歌。正是因为经历了苦难，才有这些文字。《南特》是她最成功的作品。

体验失败就是考验自己的欲望，人会意识到欲望有时候比逆境更强大。从第一次世界大战开始到第二次世界大战结束，戴高乐将军在职业生涯中经历的挫折比芭芭拉还要多。在两次世界大战之间，"伟大的夏尔"的失败感深入骨髓。正如他在《回忆录》中所写的那样，第一次世界大战"震撼了他的心灵"，但他的失败感主要来自长期被囚禁的经历。从 1916 年 3 月到"一战"结束，在祖国受到威胁的时候，他却被剥夺了战斗的权利。1918 年 11 月 1 日，他在给母亲的信中写道："在我看来，我的一生，无论长短，这种遗憾永远会如影随形。"他五次试图逃跑都失败了。战后，他曾在法国驻波兰、莱茵河的军队服役，还去中东执行过任务，因为他总感觉生活不如意，必须要做点什么。1934 年，他发表《建立职业军队》时，还只是一名默默无闻的中校。他希望这本书能让他获得认可。他想凭借作家和战略家的身份为法国服务，因为他无缘作为一名行动家为法国服务。但这本书反响寥寥。甚至到了 1940 年 6 月 18 日，在贝当政府已经投降，即将签署停战协定时，他在伦敦通过英国广播公司发出的号召一开始也没有引起什么注意。现在回过头去看，是历史让这次号召成为抵抗运动的开始。1940 年 7 月 14 日，当这位自封的抵抗运动领袖第一次在英国的土地上阅兵时，那些组成后来被称为"自由法国"的人的数量还不到三百。在被征服、被占领、所有人都错愕吃惊的法国，没人认识这位无名将军，战争委员会甚至通过缺席审判对他处以死刑。他的号召似乎怎么也引起不了任何反响，稍有不慎更会让人起疑。戴高乐希望举行大规模集会，但没有任何军事将领和严肃的政治人物到场，只有少数梦想着诉诸武力的冒险者，以及几个来自桑岛（Sein）的预备役军官和渔民……当 1942 年 11 月 8 日盟军登陆北非时，掌权的是亨利·吉罗 5 而不是戴高乐。直到 1944 年 6 月 6 日盟军在登陆诺曼底时，他们仍然把戴高乐将军冷落在一旁。8 月 26 日，200 万巴黎人来到香榭丽舍大街，迎接戴高乐将军，呼唤他为英雄，盟军这才别无选择，只能承认戴高乐将军在 6 月建立的法兰西共和国临时政府。

他在《回忆录》中写道："困难会吸引有品格的人，因为只有拥抱困难，他才能实现自我。"失败能够塑造这样的品格，让人准备好承受更多的失败。失败证明戴高乐确实怀揣着服务法兰西的心，失败培养了他抵抗逆境的力量，这就是他成功的关键。

如果戴高乐没有经受过 1914 年至 1940 年这二十多年的失败，那么当他在 6 月 18 日、22 日、24 日从伦敦发出号召却回响甚微时，他还能够承受得住吗？

戴高乐的经历让人想到另一位总统，一位美国总统。他 31 岁以失败开始；32 岁时参加立法选举失败；34 岁再次失败；还不到 35 岁，至爱之人就因病撒手人寰；36 岁患上抑郁症。38 岁在地方选举中落败；43 岁、46 岁、48 岁三度在国会选举中败北。接着，45 岁和 48 岁时在参议院选举中失败。最终，51 岁的亚伯拉罕·林肯当选美国总统。废除奴隶制应归功于他。反对的声音太大，他不遗余力地付出才在这场废除奴隶制的斗争中获胜。人们可能会想象，如果他没有像戴高乐将军一样，经历了这一系列的失败从而做好准备，最终赢得胜利而彪炳史册，历史又会怎样书写。

我们知道萨沙·吉特里[6]说过这么一句话："我反对女性，一切都反对。"（"我靠着女性，紧靠着。"）[7]套用吉特里这句话，我们也可以说是在"反对失败，反对一切"（"靠着失败，紧靠着"）的过程中，自己的品格得到彰显。正是在直面困难、用尽全力解决困难的过程中，生活徐徐展开。剩下的就是更加准确地了解是什么机制在起作用。

柏格森的生命哲学阐明了这一点。他说生命就像一种能量——更准确地说是"精神能量"——在生命、植物、动物和人身体里流动，并且随着生命的发展而愈发复杂。生命会遇到障碍，必须在自身寻找到创造力才能继续成长，按照柏格森的说法，创造力是所有生物的深层真理。因此，尽管有障碍，常春藤仍会爬上石头。以此类推，我们可以将芭芭拉、戴高乐和林肯所展示的生命力解释为一种比任何事物都强大的生命冲动，超越了植物和动物的分野，以非凡的方式凝聚在伟人的创造力中。这种生命哲学的解读很有意思：如果生命就是这种冲动、这种动力，那么生命越是受阻，我们就越是能够体验到这股力量。

但这种解读没有体现出一个更具体的现象，一个上述三人的命运所共有的现象。我们时常感觉，芭芭拉、戴高乐和林肯是因为失败才能充分发挥他们的生命力。因此，并非他们的生命力比逆境更强大，而是逆境滋养了他们的生命力。

黑格尔的辩证法可以帮助我们理解这一点。在黑格尔所有著作中，他向我们展示了力要发挥作用，都需要有反对它们、"否定"它们的东西（这就是黑格尔所说的"否定"），这样它们才能彰显自己的力。换句话说，精神需要对立面才能认清自己。因此，辩证法是指对立的两方面不可分割，各自最终会战胜自己的对立面。黑格尔认为，我们从存在的各个层面都可以观察到这一过程。当我的信仰遇到与其相悖的信仰时，我才能完全意识到它：要有别的信仰否定我的信仰，我才能找到所有捍卫它的论据。这也是写出一篇哲学论文佳作的原则：论点必须要有对立的观点，才能突出论点全部的力量。因此，第三步不是简单的综合，而是超越：论点通过吸收对立观点而最终获胜。同样，面对恶，善才具有其全部意义：必须有恶存在并威胁到善，这样善才会出现，并将其所有的美好表现出来。黑格尔甚至用这种辩证的观点来解释上帝如何创造世界。上帝是纯粹的精神。因此，必须有与他最不同的东西，即物质，他才能意识到他是精神。因此，他创造了世界即自然这个"他者"，由此直面自我，把握住作为精神的自己。黑格尔的上帝是一个不安分的上帝，他想知道自己是谁，他也必须经受否定的检验。

有了黑格尔的辩证法，我们能更好地理解为什么芭芭拉和戴高乐需要"消极"、失败或逆境，才能真正展现自己的生命力。生命力与逆境密不可分，在生命的运动中，二者的对立被超越、被"辩证化"。失败是成功的对立面，但这种对立正是成功所需要的。如果黑格尔是对的，如果辩证法真的阐明了所有过程的真理，那么这种动态的对立就可以成为我们进步的动力。

"在我的职业生涯中，我有 9000 次投篮没进。我输了近 300 场比赛。有 26 次，大家都相信我能投出制胜一球，但我却错过了。在生活中，我失败了一次又一次。这就是我成功的原因。"迈克尔·乔丹这句话充满了黑格尔的味道。他是美国 NBA 历史上最伟大的球员之一，但当他谈到自己的职业生涯时，他却认为失败和成功一样多。他知道，成功绝不会简单地接踵而至，只会跟随在失败之后。他知道，当他没有投进制胜之球时，他就成了乔丹，他的品格在逆境中得到彰显。没有挫折，我们的品格也许就无法显现。黑格尔会说，如果没有否定的力，肯定的力就无法充分发挥作用。这位《精神现象学》作者甚至更进一步总结：没有否定的力，就没有肯定的力。

1 艾迪特·皮雅芙（Édith Piaf, 1915—1963），法国最著名的女歌
  手之一，著名的《玫瑰人生》便由她演唱。
2 朱丽叶·格雷科（Juliette Gréco, 1927—2020），法国著名歌手、
  演员，代表作有《在巴黎的天空下》《快乐的姑娘》等。
3 鲍里斯·维安（Boris Vian, 1920—1959），法国博学多才的作家、
  诗人、音乐家、歌唱家、翻译家、评论家、演员、发明家和工程
  师。在音乐方面，他对法国爵士乐产生了重要影响。
4 马塞尔·姆卢迪（Marcel Mouloudji, 1922—1994），法国创作型
  歌手、画家、演员，他演唱了许多鲍里斯·维安创作的诗歌。
5 亨利·奥诺雷·吉罗（Henri Honoré Giraud, 1879—1949），法国
  陆军五星上将。"二战"期间指挥法国北方的军队，1940 年遭德国
  人俘虏，1942 年逃脱后在北非任法军总司令。1943 年任法国民族
  解放委员会主席，1944 年因与戴高乐发生分歧而引退。
6 萨沙·吉特里（Sacha Guitry, 1885—1957），法国剧作家、演员、
  导演、编剧。他一生中写了 124 部戏剧，其中许多作品取得了巨
  大的成功。
7 吉特里在这里玩了个文字游戏。原文为"Je suis contre les femmes,
  tout contre"，其中 contre 既有"反对"的意思，也可以表示空间
  上的"对着""挨着、靠着"，因此这句话也可以表示"我靠着女性，
  紧靠着"。我们可以将作者所仿写的这句话理解为"我们靠着失败、
  紧靠着失败，彰显自己的品格"。

第五章

——

失败教人谦逊

重新站立起来

"被苹果公司解雇是我经历过的最好的事情。"

——史蒂夫·乔布斯

法语"谦逊"（humilité）这个词来自拉丁语"humilitas"，词源是"humus"，意为"地面"。失败通常意味着"重回地面"，不再把自己看成上帝或者一种优越的存在，让自己从婴儿式的全能幻想中清醒过来，这种幻想经常让我们四处碰壁。这么做意味着脚踏实地，实事求是地明白自己是谁，这是迈向成功牢不可破的绝招。

教练们都知道，对于一个冠军来说，没有什么比傲慢这宗罪更坏了。傲慢，就是觉得谁也赢不了自己，自己永远不能输。这在高水准运动中非常明显：没有什么比好的失败更能提醒运动员要保持警惕、重新质疑自己的了。没有这种质疑，天赋就发挥不了全部的潜力。有时，运动员必须觉得自己并没有过人之处，才能真正变得比别人更好。这样他才会心怀尊重地观察每个对手，绝不低估任何人，永不停止思考如何取得胜利。正是由于这种态度，他才能从胜利走向胜利。

失败教我们谦卑，是找到我们极限的契机，而自恋的妄想或无所不能的错觉却让我们不自知。

艺术家或作家都有这样的经历。当他们创作不出梦想中的终极作品时，他们会意识到自己不是造物主，会觉得艺术在同他们对抗，而他们自己并非无所不能。重拾谦逊的品格，时常伴随着痛苦的失败感，但往往是新一轮创造的起点，也许一开始并不起眼，但创作者一直在进步，最终可能会成就高质量的作品。当艺术家无法彻底革新自己的艺术时，他们会重新专注于自己的技艺。有的时候，这是寻找灵感的好方法。失败让我们更谦虚，带我们走上更可靠的道路。有时必须重回地面才能重新学习如何飞得更高。

在被迫离开苹果公司之前，史蒂夫·乔布斯极度自大，沉醉于公司的巨大成功——这个电脑公司是他在父母的车库里一手创办起来的。1976 年创立的苹果品牌，从 1980 年起，销售额就达到了十亿美元，苹果公司上市则为乔布斯带来了 2 亿 4000 万美元的利润，而他当时仅 25 岁。但这让他失去了对公司的控制，自己也脱离了现实。他谁的话也听不进去，毫无保留地相信自己，完全不理解麦金塔（Mac）电脑灾难性的发售表现说明了美国人并不买账，不听同事的任何反对意见，在日常管理中经常羞辱他人。因此，他首先被剥夺了决策权，随后，1985 年，在投资人新任命的总裁逼迫下辞职。被自己的公司解雇，他的失望之情可想而知。但这次失败让他学会了谦逊，这正是他所需要的。他重回现实，并因此意识到各种限制的意义，因为拘束和限制能激发人的创造力。2005 年，乔布斯在斯坦福大学做了一场十分动人的演讲，他说："一开始我并不这么看，但现在我认为被苹果公司解雇是对我来说最好的事情。""它解放了我，让我进入了我生命中最具创造力的一个时期……这是一剂猛药，但我觉得我这个病人需要它。"这位富有远见卓识的老板曾自己说道，他的失败让他从傲慢和骄傲中"解放"出来，并在这个过程中让他重获新的创造力。

我们常常以为创作者都是些无所不能的人，是没有任何限制的贪吃狂魔，但这种想象传达出的，是变形走样了的创造力图景。创造力更喜欢谦逊而非傲慢，更偏向限制而非无所不能的感觉。伟大的创作者们知道，现实永远在那里，他们所面对的是现实，他们要一次次调整布置的也是现实。他们知道，并非一切皆有可能。

失败唤醒了乔布斯，于是他重新回到他擅长的事情上。他创办了 NeXT 软件公司[1]，这是一家专注高端电脑生产的中小型公司。在苹果公司大获成功之后，乔布斯新创立的这家公司则显得不温不火。但它给了乔布斯一个新的机会，让他能够继续发挥自己的才能，即设计能够吸引公众的创新软件。这项才能来自他年轻时候与养父一起修补电子元件的时光。他还从《星球大战》的创作者乔治·卢卡斯手里买下了皮克斯工作室，皮克斯后来与迪斯尼一起制作完成了《玩具总动员》和《海底总动员》等动画片。

在此期间，苹果公司遭遇了一连串挫折，特别是使用微软公司软件的个人电脑获得巨大成功。苹果走到了崩溃的边缘。由于缺乏创新软件，他们不得不收购了 NeXT，并在 12 年后重新聘请乔布斯担任总裁。

正因为重拾谦逊的品格，这位伟大的企业主才胜利凯旋，回到他亲手创建的公司。正是这种谦逊让他重新专注于自己的强项，将这家强大的软件公司继续发展壮大，这也是苹果最终需要的。乔布斯再次掌舵苹果公司之后，重拾并改进了一开始就十分成功的策略：简洁的设计、便捷的使用体验和尖端的技术。他又想起这样一个显而易见的事实，即生意不是造物主的游戏，而是一场集体的冒险，但曾经狂妄的自恋遮蔽了他的双眼，让他忘记了这一点。与重新组建的团队一起，乔布斯发布了 iMac，这一产品立马取得了巨大成功，一下子就改变了旧式电脑的模样。接着，"非同凡响"广告的大面积投放，就像是巧合似的，向各位谦虚的历史人物致敬，比如爱因斯坦和圣雄甘地。接着是 iBook、iPod、iPhone、iPad……每次都大获成功。觉得只有自己才是对的，这种错乔布斯再也不会犯了。他认识到，对于市场来说，过早的正确就是错误。

科学家通常都非常谦虚。这绝非偶然，因为他们经常失败，因为他们一生都在纠正错误的直觉，所以他们有的是机会把自己从傲慢或无所不能的幻想中解脱出来。巴舍拉告诉我们，科学家知道如何谦虚地接受现实的重锤，所以他们才能在积累知识方面取得如此大的进步。按照巴舍拉这位法国诗人兼哲学家的说法，科学家们惊人地将勇气和谦逊融于一身，而这种融合正是现代人文主义的轴心。我们既不是阿基米德也不是牛顿，但我们可以从他们身上受到启发。失败让我们变得谦虚，而谦虚往往是成功的开始。

"别担心你在数学上遇到的困难，"爱因斯坦说，"我的更难。"在幽默的背后，这位物理学家告诉我们，谦虚是求知的动力。最清楚精确的知识边界的人也是那些正在拓展知识边界的人。

要说明失败如何让人变得谦虚，从而帮助人在未来获得成功，柔道是个很好的例子。在这种身体与身体的对抗中，双方都可能随时把对方打倒在地。这就是为什么年轻的柔道运动员都得从学习摔倒开始。也就是说，必须学会摔得好：肌肉不能收缩，身体必须灵活地滚动，伴随着身体摔倒，运动员还需要有一种心理的认同。这种摔倒方式很好地表现了谦虚：他被对手抓住并摔在地上，这个"地"就是榻榻米。柔道运动员接受失败，不仅如此，他还要利用这次摔倒，因为每摔倒一次，他就会多了解对手一分。摔倒是为了检验抓握法是否有效。但既然这次起了作用，柔道运动员就知道之后如何防守。运动员站起来之后，他就学到了新的知识。谦虚与学习密不可分。

失败使我们更加谦虚，谦虚让我们变得聪

明，正是这种智慧让我们赢得胜利。

　　我们跌倒多少次并不重要，只要我们能重新站起来，只要我们站起来之后更加聪明。

---

1 NeXT 软件公司（NeXT Software, Inc）早期专注于制造硬件，1988 年推出了第一个工作站电脑产品 NeXT Computer，随后在 1990 年推出了体积较小的 NeXTStation，1993 年更名为 NeXT 软件公司，转而专注于与 Sun 公司的 OPENSTEP 的软件市场开发，OPENSTEP 即苹果电脑 MacOS 的前身。

第六章

失败是对现实的体验

斯多葛学派的解读

"取决于你的事情，是接不接受不取决于你的东西。"

——爱比克泰德

"我的上帝，赐我力量，让我接受我无法改变的东西，给我意志，让我改变我可以改变的东西，送我智慧，让我知道如何区分这两种东西。"马可·奥勒留[1]用这一"祷告"很好地总结了斯多葛学派的智慧[2]。和圣书中的文字一样，这句话具有改变生活的力量。公元161年至180年，奥勒留任罗马帝国皇帝，斯多葛学派的教诲是他行动的智慧。斯多葛学派到底要告诉我们什么？试图改变"不取决于我们的东西"是徒劳的，想要改变我们所处的宇宙的力量也会无功而返，不如蓄积力量来做"取决于我们的事情"。我们与自己无能为力的东西斗争得越少，我们就越能改变我们能够改变的东西。如果我们竭尽全力去改变不能改变的东西，那我们也就无法在能够有所行动的地方采取行动了。

虽然这种教诲听起来很有道理，但我们往往无法付诸实践。我们太"现代"了。我们与古人的智慧之间，已经经历了几十个世纪科学技术的不断发展，我们从孩提时代起，就浸润在"只要想，就能"的影响中，我们更倾向于认为意志无所不能。我们急于争论，往往认为一切都取决于我们，因此我们对现实有个错误的认识，即现实是一块我们可以随意揉捏的面团。成功不会让我们相信反面的东西。当我们在工作中取得成功时，我们就无法听到奥勒留、塞内卡、爱比克泰德的教诲，即现实有时会与我们作对。

失败让我们终于直面现实，让我们知道面前有一种东西，叫作现实。当我们被打败，当我们拼尽全力最终还是无法成功之后，我们就很难再否认这一点。在这个现实里，确实有东西取决于我，但也有不取决于我的事情——否则我也不会失败。斯多葛派的教诲就从意识到这一点出发。进行这样的区分极其简单，但当我们没有经历失败时，却很难将其内化。

然而，成功往往来自这样的区分。奥勒留在《沉思录》中一而再再而三地说，必须从这条分界线开始，在行动之前，首先要确定不取决于自己的东西，并且不要试着改变它。改变我们可以改变的东西需要意志力；不改变我们无法改变的东西则需要毅力。如果我们践行斯多葛主义，就能节省大量时间和精力。

我常常遇到一些领导者对我说，自从他们把奥勒留这一基础原则内化于心之后，他们工作的方式有了极大的改变。他们不会不考虑现有的各种约束力就四面出击，而是学会了立即接受不受制于他们的事物，以便更好地专注于其他的事情，把时间花在思考战略而不是意气用事上，更多平衡各方力量而不是关注能力的对比。许多人跟我说，这种方法在商业谈判中有着出奇制胜的效果。如果他们允许，我接下来会询问他们的背景，以及是什么让他们学会了这种斯多葛主义的行动智慧。在大多数情况下，都是在失败之后。

否认现实是不智慧的。不承认失败一定无法从失败中受益。作为一名高中老师，我每天都在见证这一点：拒绝失败，争辩说老师的评语是"勉强可以"，或者把作业塞进书包底，再也不去想它，这样的学生不会花时间细想哪里出了问题。与其把失败当作一件坏事，很快就抛诸脑后，还不如学着把它看成过于仓促的生活中的一次停顿。于是，否认失败，就相当于拒绝抓住这个机会。斯多葛学派建议我们发自内心地接受失败，因为失败一定会揭示一些现实的情况。

在奥勒留看来，宇宙是一个封闭的世界，一个穿插着各种力量的巨型"宇宙结节"。他认为，治国就是发起由这些宇宙力量驱动的政策，这是人类的行为，但存在于世界命运的运动之中。为了对"取决于我们的东西"产生影响，就必须利用这些"不取决于我们"的力量。从这个角度来看，一项政策的失败，是因为冲撞了宇宙的力量，与世界的方向背道而驰。因此，失败直指力量的现实，这一宝贵的指示对于今后的成功至关重要。斯多葛主义者即使失败，也不会丢弃这一智慧，即思考失败传达了怎样的真实。这就是把失败看作与现实不可多得的相遇机会，无论现实是指宇宙的力量、自然的法则还是市场的规则。

在上届戴维斯杯网球赛[3]决赛中，法国对阵瑞士，五局三胜。在输掉了与盖尔·孟菲尔斯的比赛后，法国和瑞士的比分回到1:1，费德勒回答了一位记者提出的经典问题。恪守公平竞赛原则的费德勒首先向对手的出色发挥致敬，然后他又加了一句，但没人注意到："我输了，但我知道了我想知道的。"他是在说自己的心态、场地的特性、球的速度、公众的反应，或者是他最近受伤后恢复的体能吗？没人知道。可以肯定的是，他是因为失利"知道了自己想知道的"。接着，他赢下了两场比赛，一场单打，另一场是和斯坦尼斯拉斯·瓦林卡合作双打，最终瑞士队淘汰了法国队，赢下了戴维斯杯。那天早上，听到费德勒说的那句难以理解的话，我突然觉得这位世界第一的网球选手有点斯多葛主义者的样子。

纳尔逊·曼德拉在回顾他悲惨而值得所有人学习的经历时，只是在说："我从来没输过，要么赢，要么学习。"

我们的失败每天都让我们距离成为斯多葛主义者更近一步，也能让我们不再沉浸于对不公的怨恨中。作为皇帝，奥勒留遭遇过许多障碍，经历过不少失望。但他认为，失败没有公平不公平一说。斯多葛学派认为，面对这种太过人性的情感，应该保持淡然。宇宙的力量也不能用公平不公平来衡量：它们存在，仅此而已。我们必须与这些力量打交道，甚至利用它们，尝试把自己的行动融入这种力量之舞。命运既非公平，也非不公平，因为它超越了人性。公平与否只是人类的解释。抱怨现实就是逃避现实，让自己躲在毫无用处的主观判断中。

即使不相信宇宙的力量或命运，我们也可以相信斯多葛学派的这种观点，即抱怨不公无济于事。更糟糕的是，这种情绪还会阻碍我们的行动和反应。我们有选择的自由，不在现实、困难和失败之上，再加上这一层毫无用处的对不公正的抱怨。生活就是生活，这就足够了：生活并不一定公平。

治疗师、心理学家和精神分析师也都可以证明，在患者不再认为自己遭受不公，开始接受自己的生活、说出"就这样吧"之时，他们的病情就会好转。这句"就这样吧"并不是酸溜溜、充满怨恨的一句抱怨，而是充满威严和勇气、响亮的一声"就这样吧！"，蕴含着生命的力量，不是"就这样吧，我真的很倒霉"，而是"就这样吧，我能搞定，我能在此基础上前行"。现实就是这样：给予我们斯多葛式的力量，让我们认清失败，认识到什么取决于我们，什么不取决于我们，而这又是失败的另一重美德。

雷·查尔斯[4]7岁时失明，15岁时失去母亲。在这之前，他还亲眼目睹了弟弟溺水身亡。"我有一个选择，"他说，"要么拿着白手杖和破碗坐在街角，要么竭尽全力成为一名音乐家。"这是一份纯粹的斯多葛主义宣言，与爱比克泰德的这句话产生共鸣："取决于你的事情，是接不接受不取决于你的东西。"他说"我有一个选择"，这句话就已经说明了一切。查尔斯并没有把经历浪费在抱怨自己的困境上。他接受了自己失明，这个事实并不取决于他自己，也不妨碍他努力成为天才音乐家和歌手，他的《我会说什么》《上路吧，杰克》和《乔治亚驻我心》等歌曲脍炙人口。就像一个纯粹的斯多葛主义者，他知道不取决于他的东西（失去母亲、兄弟以及失明）和取决于他的东西（锻炼自己的才能，用惊人的记忆力弥补他的失明）之间的区别。也许正是因为他选择接受，他才成为了雷·查尔斯。他曾与一位记者玩笑道："我瞎了，但人总能找到比自己更不幸的人，我本来可以是个黑人！"面对逆境，查尔斯说出了雄浑的"就这样吧"，没有屈服，反而充满了活力、幽默和生活的乐趣。他没有对自己说"这不公平"。他对现实说"是"，这个"是"类似于尼采笔下查拉图斯特拉的"向生活说的大是"。这同样也是接受现状的一种方式。这也是斯多葛学派的行为：不为无法改变的事情感到遗憾，要尽一切努力改变可以改变的东西。所以，斯多葛学派的接受绝不是放弃，而是一种肯定，对现状的认可。面对失败，面对困难，问题不在于公平不公平，而在于能否从中汲取智慧。我们可以靠它来构建其他东西。

> 如果你看到你生命的作品毁于一旦，
>
> 而一言不发便开始重塑，
>
> 或者在顷刻间失去所有，
>
> 却没有任何表示也不唉声叹气[5]。

这是吉卜林的名诗《如果》的开头，最后，这首诗以"你将成为真正的男子汉，我的儿子！"结尾。

这些诗句也充满了斯多葛学派的智慧：你必须失去才能成为一个男人。失去后又开始重塑。

反抗现实只是徒劳。更糟糕的是，这样会适得其反。反抗会消耗我们的精力，而这个精力正是重塑所需要的。反抗让我们偏离现实。"不要笑也不要哭，只要理解"，斯宾诺莎在《伦理学》中用斯多葛学派的语气写道。

吉卜林这首诗中也蕴含了同样的观点。"而一言不发便开始重塑"：不说这不公平，不在现实之上再增加一层抱怨。"没有任何表示也不唉声叹气"：在斯多葛主义的帮助下，知道自己身处宇宙，非常渺小，改变不了事物的秩序，但能主动利用比他强大的东西。

失败一旦出现，就不再取决于我们。只有我们如何生活取决于我们。我们可以因遭受"不公"而哭泣，也可以把失败视为认清现实的一次机会，把它当作一天比一天更加坚忍的开端。查尔斯是对的：我们可以选择。

1 马可·奥勒留（Marcus Aurelius，121—180），罗马帝国五贤帝时代最后一个皇帝，于 161 年至 180 年在位。他也是著名的斯多葛派哲学家，有"哲学家皇帝"的美誉，著有《沉思录》。

2 这句话并没有出现在奥勒留所著的《沉思录》中，实际上出自美国神学家雷茵霍尔德·尼布尔（1892—1971）的宁静祷文。奥勒留生活的时代，基督教在罗马被严重打压，奥勒留本人就对基督教进行迫害，不可能说出"我的上帝"这样的话。

3 指 2014 年第 103 届戴维斯杯网球锦标赛。

4 雷·查尔斯（Ray Charles，1930—2004），本名雷·查尔斯·鲁滨逊（Ray Charles Robinson），美国灵魂音乐家、钢琴演奏家，节奏布鲁斯音乐的先驱。他是第一批被列入"摇滚名人堂"的人物之一，《滚石杂志》把他列为"100 位最伟大的歌手"中的第二位。

5 这里的译文由法文译本转译。作者引用的法文译本是由法国小说家安德烈·莫雷瓦改译的版本，与原文出入较大。原诗开头直译为"如果所有人都失去理智，咒骂你，你仍能保持头脑清醒；如果所有人都怀疑你，你仍能坚信自己，让所有的怀疑动摇……"后文对《如果》的引用均转译自法文译本。

第七章

——

失败是重塑自我的机会

存在主义的解读

"当你奏出一个音后，只有下一个音才能告诉你这个音究竟准不准。"

——迈尔斯·戴维斯

"存在先于本质"：萨特的这一论断看似难懂，其实不然。这句话是说，在我们活着的时间里，我们自由地存在，自由地自我创造，自由地自我纠正，造就着自己的历史。这段历史才是首要的，是这段历史而非某种"本质"——比如上帝的意愿、我们的基因或者社会阶层——决定了我们是什么。这一论断是萨特存在主义哲学的核心，因此，他属于生成论哲学家。尼采也是。在《查拉图斯特拉如是说》中，尼采重拾品达[1]的教诲："成为你所是"。要做到这一点，要表明自己的独一无二，常常需要一生的时间，必须历经冒险、经受考验，敢于走出自己习惯的舒适区。

与这些生成论哲学家相对的是本质论哲学

家。后者对个体的历史不以为意，反而强调个体不变的真实性，即基督教所说的"灵魂"、莱布尼茨的"实体"或笛卡尔的"自我"。这种对立可以追溯到哲学诞生之初，即苏格拉底之前的那些智者们，他们被称为"前苏格拉底哲学家"。在赫拉克利特和巴门尼德那里，这种对立就已经存在了。一边是生成论思想家赫拉克利特，他用河流来比喻永恒的运动："人不能两次踏进同一条河流。"另一边是本质论思想家巴门尼德，他将上帝定义为"永恒不变的一"。在我们的传统中，巴门尼德战胜了赫拉克利特。赫拉克利特式的哲学家，比如尼采或者萨特，都是少数。大多数哲学家，包括柏拉图、笛卡尔、莱布尼茨等，几乎都是巴门尼德式的，他们更看重本质而非生成。对思考失败的美德来说，这是个问题。我们的失败能帮助我们生成，但要从失败中揭示我们的"本质"却十分危险。正因为我们觉得失败给出了我们是什么的答案，我们才会在失败时感到难受。从另一个角度看待失败，就是要认为失败是在向我们提出问题，提出"我们能够成为什么"

的问题。认为失败可以帮助我们重新振作、重设定位、重塑自我，就是认可生成论哲学的立场，即选择了赫拉克利特而非巴门尼德。

然而，失败还有一个优点，能让我们空闲下来，促使我们改变路线，就像生活的叉口引导人最终获得幸福。有的时候，失败的意义在于，它让我们的生活找到了新方向。这是失败的另一个美德：它不一定会让人更聪明、更谦虚或者更强大，但能让人得空做其他事情。

如果达尔文没有在学习医学和神学时相继失败，他就永远不会踏上这次长途旅行，而这次旅行对他成为科学家和理解进化机制具有决定性的影响。

年轻的达尔文一开始在苏格兰学习医学，因为他的父亲也是一名医生，希望他追随自己的脚步。他对外科医生的野蛮做法感到反感，又觉得理论课很无聊，他坚持了一阵子隔着窗户观察鸟类，然后离开了学校。随后，他进入剑桥大学基督学院接受神学教育，之后成为一名英国国教牧师。但他对学习内容没有兴趣，宁愿骑马或者收集甲虫，也不愿听关于上帝的布道，于是他又一次中断了学业。接连两次的失败没有让他对人体结构或者上帝的真理获得任何深入的了解，却让他踏上了一次他可能永远不会尝试的冒险。达尔文决定登上一艘船，在大海上航行两年。贝格尔号的汽笛声在泰晤士河畔伍尔维奇港响起。由此，所有的一切拉开了序幕。在这次航行中，他观察着途经之地遇到的物种，他的志向便由此诞生。这是那些一想到选择一条职业道路就两腿发软的高中生应该知道的。他们都应该读一读达尔文的《贝格尔号航海志》。

在开始撰写哈利·波特系列第一部之前，乔安妮·罗琳——当时她还不叫 J. K. 罗琳——刚经历了感情和事业的双重打击。丈夫弃她而去，自己又失去了在国际特赦组织的工作，J. K. 罗琳带着只有几个月大的女儿回到爱丁堡，没有收入。幸亏有妹妹收留，否则她就得露宿街头。她后来回忆说，即使是在哈利·波特的故事大获成功很久之后，她仍感觉有一种强烈的生存失败感，她是跌入谷底之后才找到了一个新的开始。在之前，工作和家庭束缚了她成为作家的志愿，她最多只能在午餐时抽出点时间，然后很快又得回去开会。后来，她改变了对失败的看法，开始把失败看成改变人生的机会。但事情并不容易。没人照顾女儿，她只能利用午睡和晚上的时间写作。在爱丁堡的酒吧里，人们经常看到这个满脸疲惫的年轻母亲，一边守着身旁婴儿车里熟睡的女婴，一边在笔记本上涂涂写写。她经常光顾大象屋酒吧，这里的常客甚至认为她来这里写作是因为家里没有暖气。离婚前不久，她的母亲因多发性硬化症去世。她书里的主角是一个自立的人，一个失去双亲饱受磨难的小魔法师学徒。《哈利·波特》一写完，她就把最初的几章发给了一位代理，但立马被退回。她又找了另一个，通过此人，这些稿子送到了十几位编辑手上，但都被退稿。书最终出版之后获得的巨大成功众所周知。这时，她明白了，一开始以为是一次痛苦的失败，但实际上却将她引向了一条更适合的道路，而她以前看上去更"成功"的生活，实际上却让她远离真正的自己。

如果赛日·甘斯布对他的画家身份感到满意的话，他永远不会为碧姬·芭铎、朱丽叶·格雷科、法兰丝·盖尔[2]、伊莎贝尔·阿佳妮[3]和简·柏金[4]创作歌曲。我们常常会忘记他曾经历过一场危机，当时他毁掉了自己所有的画布，放弃了成为画家的梦想，转而投身于在他看来是"二流艺术"的歌唱事业。甘斯布与安德烈·洛特[5]和费尔南·莱热[6]走得很近，他演奏和创作音乐只是为了糊口。一开始甘斯布对作画抱有极高的期待，但最终却放弃了，因为他意识到在"50岁之前"都不可能靠作画养活自己。正是有了这次让他黯然神伤的放弃，他才能够全身心地投入到音乐中。画家事业的失败不仅让他专心投身音乐，还很可能让他本人变得更加洒脱。与他最为重视的绘画相比，歌曲这种"二流艺术"对他来说没有任何挑战性。作为抽象艺术时代里年轻的具象画家，他给自己施加了巨大的压力：要么成为天才，要么默默无闻。但作为作曲家和歌手，他却采取了相反的态度。他创作当时流行的音乐，与时俱进地改变自己的风格，为他人作曲，创作出流行的歌曲，但并没有从存在的失败感中解脱出来。他的放手让他的才华全部展露出来。所以他的情况与达尔文和 J. K. 罗琳还有所不同：失败确实让他改变了人生的道路，同时也让他在某种意义上超脱起来，但这种超脱伴随着苦涩，赋予他作品一种特殊的味道，促使他成功。他作为画家的失败加倍促成了他作为创作歌手的成功。

尤根·赫里格尔在他大受欢迎的小书《箭术与禅心》中说道，射手只有在完全放松时，才能最终击中他的目标，一点点的抽搐就足以让他失败。他写道："只有当射手本人都对自己的松弛感到惊讶时，射箭才回归了本该有的状态。"他接着补充道："你的障碍是你太想到达终点了。"

甘斯布就像这样的射手，他出色是因为超然，而超然是因为从成为新一代梵高的执念中解脱了出来。1965 年，甘斯布为盖尔谱写了《蜡像娃娃，唱歌的娃娃》，并凭借这首轻快的歌曲赢得了欧洲歌唱大赛。听听《老顽童》或者《大声放屁》就知道甘斯布对待歌曲的态度同他作画很不一样。听听《爪哇女人》或者《普莱维尔之歌》就能理解，甘斯布作为画家是失败的，但并没有把他困在失败的命运里——虽然与他说的相反。

　　有些失败一开始像绝境，但最后会发现其实只是一个十字路口。在生命的旅途中，我们会想到萨特在《存在与虚无》中提出的悬岩比喻："当我想搬动一块悬岩时，阻力巨大；而当我想要攀登上去欣赏风景时，这样的岩石却是我宝贵的助益。"萨特继续写道，我们存在于时间之中，可以为我们的行动设定新的目标，因此我们能够把悬岩的"障碍"变成新谋划的"助手"。这是在强调我们精神的力量、表象的力量。萨特存在主义的中心思想就是"谋划"。存在，并非坐拥一个固定永恒的真理，而是不断地谋划未来。遭遇失败，我们可以改变谋划的方式，并把失败打造成一块警示牌。

2009 年，旧金山召开了第一届关于失败的大型国际会议，从此，这些会议成为硅谷不可或缺的一部分。这些"失败会议"［failcon，fail 即失败，con 代表会议（conference）］的视频在网上随处可见，其主旨是让企业家和运动员分享从失败中学到的东西。他们在会上讲述失败如何给他们启发，如何唤醒他们、滋养他们、支持他们，直到引导他们找到迈向成功的想法，踏上他们一开始没有考虑过的道路。这些演讲者讲述自己的经历，他们刚从学校毕业，没有任何经验，往往与长辈当年的年龄相仿。但数字经济带来了巨大变革，新型企业家随之崛起。听几场失败会议上的演讲就会知道，这些变革和随之诞生的新企业家对失败，以及失败后重塑自我的能力，有着全新的要求和认识。

"失败会议"有时会让人厌烦，这很正常，因为演讲的格式一成不变，当事人积极的心理让人难以置信，并且最后总有一个好结局。来这里谈失败的人，总是在讲自己的过去……尽管如此，在这些会议中，我们听到了各种故事，以及充满曲折、分叉和选择的人生之路。这类会议现在也在法国举行，但没有获得同样的成功。这些人定义自己的方式，不是他们是谁，而是他们做了什么，他们不强调自己的主观意图，而突出他们的适应性或者重塑意识。有时你甚至会认为他们都读过萨特。在《存在主义是一种人道主义》一书中萨特写道："人就是他行为的总和。"

从这个观点出发，法国存在主义者反对康德的意志哲学。在康德看来，一个存在物的价值是由其意图的好坏来衡量的。在听到这些企业家讲述他们如何在失望之余睁开了双眼，如何开始新的项目之后，我们就更能明白为什么萨特创造的"存在主义精神分析"在美国获得的反响远比法国更大。他提出了一种奇怪的、反弗洛伊德式的精神分析，其基本观点是：让治疗对象衡量过去的影响，反思家族历史在其无意识下所起的决定性作用的做法毫无用处。更好的办法是与治疗对象一起探究他的谋划可以存在各种可能性，寻找可以为他的现在增添色彩的那一种。

　　许多企业家都曾利用失败改行。法国企业家让－巴蒂斯特·吕代勒曾在一次"失败会议"上讲述他的公司 Critéo 大获成功的故事。一切始于一家巴黎沙拉餐厅的后屋。他最初的想法是创建一个推荐电影和博客文章的系统。但他创业失败，这促使他把技术用在了完全不同的方向上，开始在互联网上销售针对性广告。短短几年间，Critéo 从巴黎 13 区的一家餐馆后屋成长为华尔街纳斯达克的上市公司，目前估值 24.1 亿美元。它的创造者的才能就在于认识到什么是行不通的，并从中吸取动力，彻底改变自己的念头，在未来做出了另一种谋划。

　　同样，作为员工的失败往往为创业铺平了道路。日本人本田宗一郎在面试丰田的工程师岗位遭拒之后，长期失业。在此期间，他萌生了自己制造并销售踏板车的想法，于是本田公司诞生了。

存在主义者就是相信人的一生有着无穷无尽的可能性，重要的是不要错过太多。不把生命看成一种本质或者永恒的价值，而是一种"谋划"，那么死亡就是一种偶然。作为存在主义者，意味着害怕我们被一条道路上的成功锁定，并被这样的成功带向生命的终点时，却还不知道自己是谁。与通常的观点正好相反，存在主义就是把失败看作开启各种可能性的机会：失败得越多，最终就是生活得越多。

让－克里斯托夫·吕芬的经历很好地说明了这一看似矛盾的论点。他完全可以做一场很好的"失败会议"演讲，一定会让那些以为他的经历就是一个接一个成功的人大吃一惊。

吕芬一开始是住院医生，后来创立了无国界医生组织，之后又领导反饥饿行动组织。他不仅当过法国驻塞内加尔和冈比亚大使，写的书更是吸引了大批读者，甚至在 2001 年凭借《红色巴西》获得了龚古尔奖。2008 年，他当选法兰西学术院院士，成为最年轻的院士。最近，他记录孔波斯特拉[7]之行的书——《不朽的远足：我的孔波斯特拉之行》——获得了相当大的成功。我列举的这些事迹给人一种他能点石成金的印象，但是事实并非如此。每当他在失败或失望之际，他都会变换航道。他明白在如今的医院体系中，他不可能成为他理想中的那种医生，于是他转向了人道主义组织。他是最初认识到人道主义行动进入了死胡同的人，因此他又转向政治。他无法在一个充斥着条条框框、人情关系和刻板语言的政界有所发展，又转而致力于写作。作为一名作家，他受到了广泛的认可——获得行际盟友奖、龚古尔奖，当选法兰西学术院院士——但他仍觉得有必要去孔波斯特拉走走，放松一点，不能掉入"存在的自大"里，不能陷在萨特所说的本质之中。

当乐手害怕犯错时，迈尔斯·戴维斯有时会变得冷酷无情。他用低沉的声音提醒他们，没有比不想犯错更糟的错误了。戴维斯创作了《酷的诞生》和《有点蓝》，不断重塑自己的音乐。

他有一句精妙的格言："当你奏出一个音后，只有下一个音才能告诉你这个音究竟准不准。"用花哨的语言总结存在主义关于失败的智慧就是：绝对没有错误的音符。爵士乐手能够自由地弹奏出美妙的不和谐，将它重新融入整个乐章，融入他讲述的故事，融入他的音乐节奏。萨特也喜欢爵士乐。在《恶心》中，罗冈丹只有在音乐引起情感共鸣的时刻，才能短暂地摆脱不适感。我们的存在就像一首爵士乐。认为错误的音符绝对存在，就是假装时间不存在，就是忘记我们是在生成之河里航行，而不是在永恒观念的天空下飞翔。

1 品达（Pindare，约前518—前438），古希腊九大抒情诗人之首。品达的诗里有泛希腊爱国热情和道德教诲，认为人死后的归宿取决于他们在世时的行为。他的诗风格庄重、词藻华丽、形式完美，对后世欧洲文学有很大影响，在17世纪古典主义时期被视为"崇高颂歌"的典范。

2 法兰丝·盖尔（France Gall，1947—2018），本名伊莎贝尔·盖尔（Isabelle Gall），法国Yé-yé曲风女歌手。

3 伊莎贝尔·阿佳妮（Isabelle Adjani，1955年生），法国电影女演员与歌手，保持着迄今为止凯撒奖最佳女主角获奖最多次的纪录（共5次），1981年获得戛纳电影节最佳女演员奖，1989年获得柏林电影节最佳女演员奖，并两次获奥斯卡最佳女主角提名。

4 简·柏金（Jane Birkin，1946年生），英国女艺人、歌手、电影导演，1968年与甘斯布结婚，1980年离婚。

5 安德烈·洛特（André Lhote，1885—1962），法国雕刻家、画家，立体主义的代表之一，同时也是有影响的艺术教育家和作家。甘斯布是他的学生。

6 约瑟夫·费尔南·亨利·莱热（Joseph Fernand Henri Léger，1881—1955），法国画家、雕塑家、电影导演，早年由印象派、野兽派转入立体派，后进入了"活力时期"，创作了一批描绘劳动者的图画，晚年转入古典主义风格。

7 即圣地亚哥－德孔波斯特拉（Saint-Jacques-de-Compostelle），西班牙北部加利西亚自治区的首府。相传耶稣十二门徒之一的大雅各安葬于此，是天主教朝圣胜地之一。

第八章

作为失误行为或者因祸得福的失败

精神分析的解读

"在所有失误行为中，都有一套成功的辞说。"

——雅克·拉康

作为失误行为¹的失败

达尔文到底向往什么？是像他父亲一样成为医生，还是作为先锋，掀开科学史上新的一页？他学医失败真的让他没能达到自己真正的目的吗？但是，难道他不是"想要"失败的吗？

本田宗一郎在面试丰田工程师岗位时表现平平。他的回答无趣乏味，水平一般，却让他实现了他内心深切的欲望：建立自己的公司——他当时甚至都还没有意识到这个愿望。随着时间的推移，我们可以从中清楚地看到，这一行为充满了弗洛伊德式精神分析的意味，既是失误，又是成功。从有意识的意图来看，他失误了。但从无意识的欲望来说，他成功了。弗洛伊德的意思是，失误行为是表达出来的无意识。口误就是一种语言上的失误行为，意味着我们没有表达出我们想要表达的东西，但我们的无意识却成功地表现了出来。按照同样的逻辑，我们会像揣测言语一样，猜想行为背后隐秘欲望的力量。在我们失误的背后，是有效的无意识策略。

要理解失败如何能表达我们无意识的欲望，就需要回到弗洛伊德身上，他革新了对人类主体的理解，将人的精神分为三大"部分"，即"本我""自我"和"超我"。弗洛伊德将其命名为"拓扑结构"。弗洛伊德说："自我不是自己家的主人。"有意识的"自我"的主权实际上受到来自"上"和"下"的双重威胁。下方的威胁来自"本我"无意识的精神能量，这种能量的冲动从童年起就被压抑，总想着要卷土重来。上方的威胁来自"超我"专横的命令，这是自我的社会和道德理想，在很大程度上也是无意识的。因此，无意识是一股活跃、动态的能量，总想发挥出来，并利用失误行为来实现这一目的。这股能量既可能来自"本我"，也可能来自"超我"。

借助失误行为，我们可以表达被压抑的攻击性，也可以表现我们并不具有的高尚抱负。丈夫"不小心""失手"打了妻子的脸。如果这是一个失误行为，那么这里满足的是他的"本我"：这个男人有伤害妻子的无意识欲望。但如果这人因为渴望比所求岗位更好的工作而没能通过面试，那么表现出来的则是他的"超我"。在这两种情况下，失败和成功同时存在——精神分析的创始人说，有意识的不愉快和无意识的享受是同时发生的。

我们经常因做重复的事情而心生怨言。我们一直在做自己不喜欢的事情，并惊讶于我们竟改变不了这种情况。不过，尽管在有意识的层面上我们感到不悦，但我们却从中获得了一种无意识的享受。失误行为就属于这种逻辑，精神分析学家雅克·拉康总结道："在所有失误行为中，都有一套成功的辞说。"这种成功的辞说即无意识的话语，它需要被解释、破译。

米歇尔·图尼耶在哲学科教师资格会考中屡次失败。反复的失败伤害了他，但他后来写下了《星期五或太平洋上的灵薄狱》《桤木王》等经典作品，成为法国 20 世纪最伟大的小说家之一。1970 年，他的《桤木王》获评委一致通过，赢得龚古尔奖。我们可能简单地认为，他在哲学上的失败给了他重新定位的机会，造就了他作为小说家的成功，如果他通过了哲学科教师资格会考，成为一名研究员，就不会有写《桤木王》的时间和欲望。但我们也可以假设，他真正的愿望是当一位受欢迎的小说家，而不是成为一名学者，而这些在哲学领域的反复失败都是失误行为。

为了帮助我们克服失败，心理学家建议做这样一种练习：不要把您的失败当作意外，而是把它看成一项被隐藏起来的意图。这种练习正是受失误行为的思想启发。练习往往能取得惊人的结果：事情翻开了崭新的一页。当然，我们可能难以接受被揭示出来的内容，但这正是无意识的特点，即我们不想知道自己有这样的想法，我们不想看到"本我"。如果失败是一个失误行为，那它就是在要求我们睁开眼睛。如果我们再次失败，也许就是防止我们把眼睛又闭上。

因此，精神分析告诉我们，失败同时也是成功。精神分析还告诉我们与此相反的情况：如果我们对自己不诚实，那么有的成功就是失败，我们总有一天会付出代价。背叛自己会导致抑郁，这是另一种可以看成是失误行为的失败。

皮埃尔·雷伊是一名报纸编辑，曾担任过《嘉人》杂志主任，也是《希腊人》和《蓝利兹》等畅销书的作者。他来到财富和成功的巅峰，却陷入了严重的抑郁，他无法工作、无法恋爱、无法承担责任，很快发展到无法入睡，甚至无法进食。他拥有想要的一切，美人和好友相伴，出入豪华酒店。那为什么会抑郁呢？他开始接受雅克·拉康长期的精神分析，并记录在《在拉康那里度过的一季》一书中。随着治疗的进行，他意识到这些成功实际上剥离了他内心最深切的愿望，即真正写一本书。不是那些他为了热卖而拼凑的休闲小说，而是一本真正的书，有文体，有风格，有目的。一本不仅有趣，而且能帮助读者过好生活、能为人类的智慧大厦添砖加瓦的书——无论这片砖瓦有多小。他在媒体、书店甚至赌场里轻而易举获得的成功让他偏离了轨道。因此，抑郁有一个作用：向他展示被辜负的愿望，逼着他停止"成功"，甚至让他整个人都停下来，以求最终找到自己渴望的道路。雷伊沮丧过度，无法工作，存在的虚无感纠缠着他，几个月过去了，他终于越来越接近自己内心的追求。以前他沉浸在成功里，恰恰忽视了这一点。让人感动的是，雷伊再次成为了真实的自己：《在拉康那里度过的一季》确实是一本优秀的书，是对精神分析、欲望野心、生存之艰的深刻反思。这是他的传世之书，他的畅销书已经无人问津。因此，他必须经历失败并遭受抑郁的折磨，才能找到通往自己夙愿的道路：先背叛自己的夙愿，才能更接近它。雷伊生活上的失败是一个失误行为：他内心深处的憧憬借此表达出来。

通过反思失误行为和抑郁情绪，我们会发现盎格鲁－撒克逊人对失败有一种过度的看法。

他们常常认为，仅凭毅力这种纯粹的意志力就能克服失败。但他们忘记了失败的第一个美德，即失败是在提醒我们力量有限。相信"只要想就能"是愚蠢的，也是对现实复杂性的一种侮辱。有时甚至我们失败正是因为我们"想要"的太多，而对我们真正渴望什么想得不够。于是，抑郁出现了，表明意志已经发了疯，它什么都想要，不管主体真正渴望的是什么。抑郁迫使主体停止"想要"，这样才能重新听清自己渴望的呼声。在生活中取得成功并不意味着不惜代价地索取，而是要忠于自己的愿望。失败可以是一个失误行为，让我们更忠于自己。

作为因祸得福的失败

在工业领域，不少产品在成为标志性创新之前却被当作彻底的失败，这也证明了失败就是成功。这些因祸得福——也就是失误行为——以自己的方式说明了为什么失败同时也是成功。

最著名的例子当属塔丁姐妹。二人在拉莫特－伯夫龙[2]经营一家深受猎人欢迎的餐馆。一天，姐妹其中一人突然想到她忘记给苹果派底部铺饼皮。她只在模具里放了苹果和糖，便开始烘焙，但现在已经到了上甜点的时候。她突然萌生了这个想法：打开烤箱，把饼皮放在苹果上面，又烤了几分钟。猎人十分喜欢这种松脆可口的焦糖馅饼。她做的甜品失败了，却发明了翻转苹果塔——一个失误的苹果派。

万艾可的发明也是一样：辉瑞实验室的研究人员希望利用一种化学成分——西地那非——治疗心绞痛，没有达到目的。这一成分没能达到预期的效果，却产生了一个副作用：强烈的勃起。他们没能治好肺动脉高血压，而是找到了治疗阳痿的方法，这正是数个世纪以来男性一直在寻求的灵药妙方。

心脏起搏器的例子鲜为人知，它同样能说明问题。最初，纽约州布法罗大学的一位工程师想要制造一种用来记录心脏跳动的设备。他把手伸进了存放电子元件的工具箱里，想找一个电阻，但拿错了器件。这个设备无法记录心跳，但能发出电脉冲。他于是想知道这些脉冲是否会对心脏产生连锁反应。心脏起搏器由此诞生，五年后便上市商用。这个失误的记录器挽救了成千上万人的生命。

我们生活在各种物品之中，不知不觉用到的东西就是失败的产物。胶囊咖啡机走进了千家万户的厨房，彻底改变了我们喝咖啡的方式。这是一个全球性的成功，乔治·克鲁尼的广告更是深入人心。在广告中，他用手指夹着一杯浓缩咖啡问道："还有什么？"（What else？）然而，雀巢一开始想把这些自动咖啡机卖给餐馆，方便餐厅提供优质的浓缩咖啡，没能成功。于是他们有了一个新想法，转而瞄准上班族市场。他们再一次遭遇失败，甚至比第一次规模更大、代价更高。雀巢几乎到了要放弃胶囊咖啡机的地步，决定给这款产品最后一次机会——面向家庭市场投放。胶囊咖啡机在两次错过目标受众之后，终于找到了自己的消费者。

失败催生成功的例子还有很多：香槟一开始只是酒窖里的事故，一种失败的葡萄酒，太甜、太酸；奥朗吉娜橙汁来自制造商未能除尽的果肉；还有姜饼、魔术贴、便利贴，以及被称为"康布雷[3]蠢事"的糖果——顾名思义，发明这种糖是因为糖果制造商的儿子犯了错。许多失误行为也是很好的发现。

***

法语"意外发现"（sérendipité）的概念，译自英语"serendipity"，指的是找到我们并没有在寻找的东西。克里斯托弗·哥伦布没想发现美洲，他渴望的是开辟一条通往印度或中国的新航路。他想要寻找一条比马可·波罗走过的路更短的路，一条捷径。结果他差了1万公里。这是一个"高明的错误"，他因此来到圣萨尔瓦多岛——加勒比海和美洲大陆的家门口。美洲就像翻转苹果塔和心脏起搏器一样，是在偶然间发现的。

病人半躺在沙发上，突然发现自己的失误行为、口误或梦想的意义，这也是出于偶然。他发现不是因为寻找，而是因为随口就说了出来，因为把各种想法自由地联系了起来。病人最终理解自身症状的意义，靠的并不是急切地想要了解自己。

　　无论如何，意外发现只有在放松的时候才可能出现，而非主动的紧张。放松只有在放手的那一刻才能做到，哪怕只是短暂的一刹那。这适用于躺在沙发上的患者，也适用于塔丁姐妹和心脏起搏器的发明者。只需要接受迎面走来的东西，那么失败就是高尚的失败。我们完全不需要主动。更糟糕的是，主动还可能会让我们感受不到失败的美德。对于熟悉西方唯意志论的孩子来说，这一点听上去并不那么容易。

1 失误行为（acte manqué）是弗洛伊德精神分析用语，德语为 Fehlleistung，这是一个宽泛的概念，不仅涵盖了在严格意义下所谓的错误，还包括话语和精神运作中各种类型的错误，如遗忘、笔误、口误、误读等。

2 拉莫特－伯夫龙（Lamotte-Beuvron）是法国中部的一个小城。

3 康布雷（Cambrai）是法国上法兰西大区北部省的一个市镇。

第九章

———

失败，并不意味着成为失败者

为什么失败让人难受？

"人的伟大，乃在于他是桥梁而不是目的。"[1]

——弗里德里希·尼采

面对失败的痛苦，有时我们会觉得自己一文不值。我们生活在一个错误文化太不发达的国家，会将"失败了"和"是一个失败者"混为一谈。我们把计划的失败视为自己的失败。我们没有把失败放在历史的维度来看待——历史先于我们存在，在我们死后也将继续。与此相反，我们把失败绝对化、本质化了。简而言之，我们还不是合格的存在主义者。用戴维斯的比喻就是，我们仿佛把音乐停在了"错误的音符"上然后循环播放，没有给它机会找到正确的位置，让它的声音回荡在整首歌之中。我们仿佛在最糟糕的时候把时间停止了。

弗洛伊德所有的作品都在警告我们，要小

心过度认同的影响——不管认同的对象是母亲还是父亲，是权威还是个人的失败。

对父母认同太久就会逃避成长，满足于回归倒退。一个孩子建立自我的过程，就是经常改变他认同的形象，正是在这个"游戏"中，他学会说"我"，意识到了自己的独特性。

认同像希特勒这样的极权主义领导人，就是坚持他们的想法或妄想，放弃对他的批判，直到成为权威的帮凶。

认同自己的失败就是贬低自己，让自己被羞耻感和屈辱感征服。

所有的过度认同都很致命，都是一种固执。然而，生命是场运动。显然，当我们专注于失败时，就忘记了赫拉克利特的这句真理。

为了接受失败，我们可以重新定义它。失败不是我们个人的失败，而是我们的一个计划与环境之间相遇的失败。当然，你必须找出其中的原因。也许我们走在了时代的前面，就像乔布斯推出第一台麦金塔时一样。也许我们的计划有缺陷。因此，我们的失败的确是"我们的"，但却不是

"自我"的失败。我们可以而且必须接受它，但不认同它。

　　要定义这个"自我"的核心很难。在失败的混乱中，我们有时会觉得连自己都不知道自己是谁。失败让我们难过，因为它打破了我们的身份外壳，损坏了我们的社会形象，否定了我们的自我认知。我们认不出自己来了。就像一个企业曾经业绩蒸蒸日上的首席执行官，或者一个习惯了票房领先但最新的电影却在一周内从影院下架的导演，我们突然失去了方向。但这可能是个好消息。有的时候，只有经历失败，才能衡量社会身份在多大程度上限制了我们，把我们与内在的个性和复杂性隔绝开来。因此，为了克服我们的失败，我们还必须重新定义"自我"：自我不再是一个固定不变的核心，而是一个始终在运动的、多元的主观性。

　　尼采在《查拉图斯特拉如是说》中写道："人的伟大，乃在于他是桥梁而不是目的。"

存在，就是像桥梁一样生活，通往未来，通往他人，通往我们未知的维度，通往我们尚未走过而失败可以为我们打开的道路。当我们忘记这个真理时，我们会因失败而遭受更多痛苦。

最后，如果失败对我们造成如此大的伤害，那是因为我们的西方传统中主要的哲学家都认为失败是有罪的。

笛卡尔和康德都没写过关于失败的书，不过他们的著作中有关于失误成因或者错误原因的段落。

笛卡尔认为，人拥有两种相互不匹配的重要能力：有限的理智和无限的意志。虽然我们的理智很快就达到极限，但笛卡尔断言我们总是可以想要更多。这位基督教信徒、《谈谈方法》的作者认为，正是依靠意志的力量，我们才得以与上帝相似。每当我们想要，并相信我们已经达到上限时，我们就会发现我们还可以继续往上。对于笛卡尔来说，我们意志的无限性是我们内在神性的标志。他尤其推崇"只要想，就能"。从这个角度来看，人就像用两条长短不一的腿走路：一条短（我们的理智），一条很长（我们的意志）。我们必须承认，这并不容易。那么根据笛卡尔的说法，"欺骗自己"是什么意思？就是没能把我们的意志限制在我们的理智范围内。当我们在一顿晚宴上豪饮之后，无论我们说什么话，我们说的都超出了自己所知道的范围：我们欺骗了自己，因为我们没有正确使用我们的意志。正是这意志把我们定义为上帝的孩子，欺骗自己就是辜负了上帝给予我们的恩典。笛卡尔在《哲学原理》中断言："我们知道，错误取决于我们的意志。"没有比这更让人有负罪感的了。

康德认为，如果我们不懂得倾听自己的理性，我们的举止就会很坏。他坚持认为，这种能力足以区分善恶。康德反对卢梭将道德建立在人的内心，建立在人的感性之上，这位《实践理性批判》的作者在我们的理性中看到了道德的起源。道德要求并不复杂，可以总结如下："始终以这样一种方式行事，即你的行为准则可以成为普遍的法则。"换句话说，要知道我们的意图是好是坏，只要问问如果所有人都采用与我们相同的行动准则，人类将变成什么样子就够了。例如，如果人们按照"永远与报复这一自然倾向做斗争"的格言行事，那他们可以共同生活吗？是的，他们甚至会活得很好。因此，以这种方式行事是道德的。每个人都可以理解这个逻辑。当我们没能作为有道德的人行事时，我们要承担全部责任。

根据笛卡尔的说法，我们的错误出于我们对意志的误用。根据康德的说法，我们的错误是因为我们的理性存在弱点。在这两种情况下，我们不可能不感到内疚，因为每次犯错，都是我们的首要能力，即我们的人性，失败了。本质上，错误或者过失变得不可原谅。根据笛卡尔和康德的说法，失败就是做人的失败。

早在公元前 6 世纪，道家的老子就说过："为者败之。"我们远没有领会他的智慧。

---

1 出自《查拉图斯特拉如是说》第一部，《查拉图斯特拉的前言》篇，钱春绮译本（上海文化出版社，2020 年）。

第十章

敢作敢为，就是敢于失败

"创造你的运气，

把握你的幸福，

去冒险吧。"

——勒内·夏尔 [1]

所有伟大的成功都源自冒险，甘心接受可能的失败。敢作敢为，首先就是要敢于失败。

戴高乐前往伦敦时冒着惨败的风险。把电话、互联网和电视放进同一个"管道"，格扎维埃·尼埃尔[2]冒着失去一切的风险。每个艺术家在尝试新事物时，都必须接受作品存在无法实现的可能性。他们的创作行为之美正在于此。

人可以什么也不尝试地过完一生，只做出合理的选择，总是等电子表格的单元格填充好之后再行动。但这么做的代价是什么呢？如此行事就是与大获成功擦肩而过，也无法真正了解自己。即使我们大胆行动没有成功，也能证明我们具有风险意识，能够做出真正的决定，而不仅仅是合乎逻辑的"选择"。

　　决定和选择这两个词语似乎是一个意思，但事实绝非如此。我们必须知道二者的不同，才能了解人胆行动的秘密。

　　考虑这样一种情况：我们在选项 A 和选项 B 之间犹豫不决。如果经过理性的思考，我们认为选项 B 比 A 好，那么我们选择 B。这个选择是有根据的，解释得通的，也就没有什么需要"决定"的了。如果经过深思熟虑仍无法确定，并且虽然缺乏证据，但我们仍然觉得应该选 B，那么这就是我们的决定。这个决定需要跳过理性的论证，必须依靠你的直觉。正是在信息不足的时候，我们才必须做出决定——这个词来自拉丁语"decisio"，意思是当机立断的行动。决定总是大胆的：决定的定义本身就蕴含失败的可能性。加入抵抗运动救国家于危难，这是一个决定，而不是一个选择。美国企业家埃隆·马斯克押注所有汽车将在 50 年内实现电动化，因此创建特斯拉汽车公司，这是一个决定，而不是一个选择。在网球比赛中打出的超身球也是如此。

　　亚里士多德认为，这个决定与其说是科学，

不如说是艺术；与其说是分析推理，不如说是一种直觉。但这并不意味着决定是非理性的：它可以基于学识，但并不囿于学识。亚里士多德用医生和船长的例子说明了这一点。平常他们都是称职的，但出现紧急情况时——比如病人即将死亡或者船只遭遇暴风雨——他们没有时间充分审时度势，就必须有勇气在充满不确定性的情况下当机立断。

亚里士多德反对老师柏拉图的观点，提出决策是门艺术。柏拉图根据理性选择的模式，认为决定是一门科学。按照他的说法，理想国由一位"哲学王"统治，用他高超的学识治理国家。决定只是为了弥补知识的局限性，这样的哲学王永远不用做决定。他的政治选择只是他基于科学逻辑演绎的结果。而亚里士多德则相反，他认为伟人必须敢于按照直觉行动，敢于做出决定，从而超越他学识的极限。有这样的判断力，他就会成为一名政治艺术家，而不仅仅是一个博学的国王。

同样，在法国，我们似乎过于遵从柏拉图

主义了。我们的政治研究所被称为"政治科学院",而非"政治艺术院"。从"政治科学院"到国家行政学院,主流观念把政治和行政当作一门科学,培养的都是技术专家而不是决策者。掌管大公司的高级行政人员必须经过完全技术性的能力培训,才能做出重大决策。通常情况下,他们接受了长期而多样的教育,但没有学习过哪怕一门关于决策的课程——决策的性质和复杂性,决策与经验、直觉和风险的关系,等等。在这种情况下,我们如何能够建立起一种人文主义的失败观?

理解决定和选择之间的区别还可以帮助我们更好地应对与风险相关的焦虑情绪。我们在做决定时感到焦虑是正常的。不仅如此,焦虑还意味着我们拥有施加于世界之上的权力。

"焦虑是对自由的意识",萨特在《存在与虚无》中解释道。当我们完全无法行动时,我们感到的是绝望,而不是焦虑。当我们必须做出艰难的决定并承担其结果时,焦虑就会抓住我们:

事实上，让我们害怕的是我们的自由。不被这种焦虑吓倒，这是所有存在者面临的挑战。当我们准备好敢于行动，却败在了对失败的恐惧上，有多少雄心壮志因此付诸东流？当我们想把我们的生活变成一个接一个的理性选择时，对失败的恐惧就使我们瘫痪。但当我们意识到，决策者的生活充满了长久累积的错误、破灭消失的希望和失之交臂的机会时，失败就变得可以忍受了。

勇敢并不会让我们摆脱恐惧，它只会给予我们力量，让我们不顾一切地行动。勇敢者不是鲁莽、头脑发热、无所畏惧的人，不是通过冒险来体验生存活力的人。勇敢的人了解恐惧，但恐惧是他的驱动力。他尽可能地降低风险，也知道如何承担必要的风险：他胸有成竹地"碰碰运气"。头脑发热的人喜欢冒险，勇敢之人则有风险意识。

尼采认为，真正地活过需要这种风险感。因此，这便是"成为你所是"的意思，查拉图斯特拉想用这句话把人们从墨守成规的麻木状态中解救出来。成为你所是，意味着敢于成为你自己，承担起你在这个尊重规则的社会中的独特性。你害怕并不奇怪：社会要运作，人就必须服从规则。1929 年，弗洛伊德出版了《文明及其不满》，在这本引起轰动的小书中，弗洛伊德只表达了一个意思：对社会有益的事物并非对个人有益。个体压抑不适于社会生活的独特性，这对社会有益。而对个人有益的则是将这种独特性表达出来。这就是《文明及其不满》中"不满"的来源，而且这种不满永远无法完全消除。因此，"成为自己"很困难，我们在勇敢面前会被恐惧所侵袭。

但尼采说，我们可以驾驭这种恐惧。"成为你所是"，没有人会替你做这件事。你至少要尝试一下，因为即使你失败了，你也是成功的：你会以一种不像你自己的方式失败。没有什么风险比不去尝试更大的了，也没有什么遗憾会胜过大限将至却不知道自己是谁。

我在企业做演讲时经常遇见这种类型的高

管：读了个商科或者工科学校，成绩不错，毕业后进入一家大公司，并在那里工作了十多年，人已迈入不惑之年，从没掀起过什么波澜，也没有真正冒过什么险，更没犯过重大错误，身居高位，收入不错，但有一种怅然的感觉，觉得自己的存在被落在了一边。他们经常告诉我，别人按照他们的样子也能做到这些。尼采的一句话很自然地震撼了他们：他们的日常生活并没有给他们"成为他们所是"的机会。

　　在这些讨论中，我听到最多的词是"流程"，远在"管理""人力资源"或"主动性"之上。每当涉及公众问题，尤其是当我称赞风险感或创造力时，每个人都会把这个词挂在嘴边。这些高管对无法"成为其所是"而感到失望，"流程"胜利了，而他们似乎却成了附带的受害者。可能最初把任务进行合理化的流程是必要的，但到了今天，我观察到这些流程的作用已经发生了变化。流程只是一种手段，现在却变成了目的。在年度总结时，评价这些管理人员的不仅包括他们目标的实现情况，还包括他们是如何实现这些目标的，换言之，他们是否遵守了程序。在"流程"至上的时代，创造力成了不光彩的缺陷，失败则是无能的证明。当然也有例外，但在法国跨国公司内部，减少主动性，从而降低风险，才是大势所趋。

听着这些高管们坦言自己多么沮丧，抱怨自己多么没有价值，看着他们如此悲伤，就可以看到不冒险的生命是如何慢慢凋零的。有些人会接受他们的处境，将其视为谋生手段，转而在其他地方寻找感受活力的机会。另外一些人则会鼓足勇气，改变人生道路，有的会成为企业家，从而让自己重获新生。还有人则最终被抑郁征服，却急忙把这种感觉改名为"倦怠"。他们不会像我们常常听到的那样，因为工作太多而崩溃；他们崩溃是因为他们一边工作，一边与自我、与自己的才能、与自我表达隔绝开来。如果他们的工作能让他们感到满足，他们会更努力地工作而不会感到"倦怠"。

采取行动需要付出代价，但不采取行动的代价更大，所有这些忧郁的管理者都证明了这一点。他们从小就是好学生，却慢慢死于不敢冒险。

弗洛伊德在他的《精神分析论文集》[3]中说："再也无法在人生游戏中用最高的赌注冒险，从那一刻起，生活变得穷困，丧失了一切意义。"这才是真正的威胁：因为不敢失败，只能失败地活下去。

"创造你的运气，把握你的幸福，去冒险吧。"勒内·夏尔在《早起的人们》诗集中使用的这个"你"，与查拉图斯特拉的格言"成为你所是"中的相同：一个只有一个声音却不被标准和"流程"的"我们"所淹没的"你"；一个试试运气，甚至"创造运气"，冒着失败的风险成为自己的"你"。

英国企业家理查德·布兰森的履历不像其他大老板那样平淡无奇。他是第一个乘坐充气气球穿越大西洋的人（也是穿越英吉利海峡最年长的风筝冲浪者，当时已经 61 岁高龄），他开创的维珍品牌涉足的行业之广，从航空公司到铁路运输，从分销链到移动电话，甚至太空旅行，其中法国人最为熟悉的是维珍大卖场。他的勇敢让他广受赞誉，因为他创建的维珍航空打破了英国航空的垄断。与所有勇敢的人一样，他也曾失败过很多次。

布兰森深信在百事可乐和可口可乐之外仍留有市场空间，于是在 1994 年高调推出维珍可乐，最后以退市告终。在互联网兴起时，他有了一个开创性的想法，建立一个化妆品系列品牌，同时在网上和线下商店或大型私人活动中销售，结果损失惨重。他想与苹果公司竞争，在第一台 iPod 上市三年后，推出了一款看起来更像秒表而不是 MP3 播放器的产品，维珍脉冲。这简直是一起工业事故。他的失败清单还不止于此，但敢作敢为，就是敢于失败。

布兰森的创业冒险始于失败。在他 21 岁创办第一家唱片公司后不久，他被判增值税欺诈，甚至在监狱里待了一晚，为了支付巨额罚款，他母亲被迫抵押了房子。这次失败的经历逼着他学习如何管理企业，迫使他为了还债而加速发展他的唱片公司。他签下了 80 年代最耀眼的巨星：彼得·盖布瑞尔、人类联盟乐队、菲尔·柯林斯……

听布兰森谈论他的失败经历很有启发。说到维珍可乐，他笑着承认对手比自己强大。关于维珍脉冲，他说从他看到自己那款 MP3 播放器的那一刻起，他就明白他不是史蒂夫·乔布斯。他始终保持微笑。他给我们的印象是，他并不讨厌失败，失败甚至比成功更能让他重拾勇气。"大胆的人活不长，"他说，"但其他人根本没活过。"他印证了一句法国谚语："运气只向胆大的人微笑。"运气向他们微笑，因为他们把运气撩动了：他们撩动了自己，撩动了自己的才华。

尼埃尔在很多方面都可以说是法国的布兰森。他们有着广泛的共同之处：没有文凭，18 岁之前就进行了第一次创业冒险，很快地入狱和出狱，在移动电话领域取得突破……尼埃尔和他的英国同行一样表现出开拓者的勇气，做出了一些大师级的举动。年轻时，他在 Minitel[4] 上推出了第一个反向目录（3615 ANNU），用户可以通过电话号码找到户主姓名。他采用的方法展现了他与众不同的思维逻辑：买不起整个电话簿，他就以一种粗暴但合法的方式，利用法国电信的漏洞来获取数据。在用电话线上网的年代，前三分钟的连接免费。于是，尼埃尔决定通过同时运行数百个 Minitel 终端来获取所有号码。我们知道，当时的运营商并没有把这件事放在心上……1999 年，他创办了第一家免费提供互联网服务的公司 Free，并大获成功。他没有止步于此。他心中已经有了"三网融合"的想法，于是 Freebox 诞生了。他前往美国寻找"魔盒"，深信硅谷的发明家已经想到了这个主意。但事情并非如此：从帕洛阿尔托到旧金山，他没有找到一丝这种"盒子"的迹象。尼埃尔和同事站在环球影城的露天电梯上时，他们给自己提出了一个挑战：既然这个盒子不存在，那我们就发明一个！几个月后 Freebox 就问世了，月租 29.99 欧元。这是一项完全属于法国的革命性发明。用户如潮水般涌向这一新兴产品，而他的竞争对手则着急模仿。2012 年，随着 Free 移动业务的推出，尼埃尔做出了他迄今为止最厉害的举动：超激进的商业优惠，无限流量套餐仅需 19.99 欧元，另一种套餐仅售 2 欧元。第一天就有 100万法国人成为订阅用户，到今天上升到 600 万。

每一次尼埃尔都敢作敢为，做出一看就知道是他的风格的决定。在前面提到的四个例子中（3615 ANNU、Free、Freebox、Free 移动），如果他理性地分析情况，等着确定自己能行之后再行动，他就不会行动了。从逻辑上讲，和布兰森一样，和所有真正的决策者一样，他也有过失败的经历：immobilier.com 网站、emploi.com 网站……

这个出身贫寒、来自克雷泰伊[5]的极客，似乎已经知道什么是行动的推动力："行动的秘诀是开始。"哲学家阿兰幽默地总结道。

总的来说，就是要成功地失败。

甚至都不是为了从中吸取教训。只是为了证明我们能够摆脱 Excel 电子表格那种机械式的束缚，也是为了发现生活可以更多姿多彩。真正的失败是不知道失败为何物：那意味着我们从来不敢作敢为。

个人如此，社会亦然：风险观念让文明焕发生机。然而，在 2005 年，在希拉克总统的倡议下，预防原则[6]被纳入了法国宪法。对环境的关注是合理的，但对共和国立国文本进行这样的修改不可能让我们更加勇敢。没有预防原则，许多伟大的成就都是可以完成的。没有风险观念，人就成不了大事。

1 勒内·夏尔（René Char，1907—1988），法国当代著名诗人，第二次世界大战期间参与抵抗运动。代表作《没有主人的锤子》《伊普诺斯的书页》《愤怒与神秘》等。

2 格扎维埃·尼埃尔（Xavier Niel，1967年生），法国企业家、亿万富翁，法国三大网络运营商之一 Free 的创始人。他在法国首创"盒子"的概念，用一个类似电视盒子的装置，同时提供电视、电话和互联网接入服务。

3 本书是法国佩约出版社（Payot）出版的一部弗洛伊德在1915年至1923年间发表的文章合集，包括《目前对战争和死亡的评述》《超越快乐原则》《集体心理与自我的分析》《自我与本我》等四篇文章。

4 全称数字化电话信息交互式媒体（Médium interactif par numérisation d'information téléphonique），是通过电话线路访问的视传系统线上服务，1982年在全法国推出，由 PTT（报纸、电报和电话公司，1991年拆分成法国电信与法国邮政）提供。通过该服务，用户可以进行网上购物、预订火车票、查看股票价格、搜索电话簿、使用电子邮箱和进行即时聊天。

5 克雷泰伊（Créteil），巴黎大区马恩河谷省的一个市镇，也是该省的省会，位于巴黎市区东南部、塞纳河右岸。

6 预防原则（审慎原则）指在有可能发生严重的或不可逆转的环境损害时，不得把缺乏足够的科学依据作为推迟采取环境保护措施的借口。

第十一章

—————

如何学会敢作敢为？

"千里之行，始于足下。"

——老子

一名运动员敢于使用自己的一技之长，是因为他已经学会了大量简单的技术。人必须练习再练习，才能让自己脱颖而出。

兹拉坦·伊布拉希莫维奇以"神仙进球"著称。他的进球既像是在踢足球，又像是在练武术或者在街头打架。我曾有幸在巴黎王子球场观看了一场巴黎圣日耳曼与巴斯蒂亚的比赛。这场比赛因"伊布式"射门而被人铭记：一记"蝎子摆尾"，用脚背外侧而非内侧从背后触球，将球钩射入网。这一进球充满了令人难以置信的精致感，就像一个慢动作一样。看到这个射门的人都会觉得这是他们平生所仅见：胆大到几乎疯狂。然而，伊布的大胆要归功于长期的训练和小时候高强度的跆拳道练习。在这一瞬间，当他的直觉告诉他要以这种方式出球时，所有这些年学到的东西都凝聚到这个姿势当中。

"像原始人一样行动，像战略家一样计划。"勒内·夏尔在《沉醉集》中写道。我们在回顾伊布的蝎子摆尾时，必须把这句美丽的格言牢记于心。当伊布在训练、观察场上状况、预测球的走向时，他"像战略家一样计划"。但在比赛进行中，当着成千上万的观众，他敢于使出蝎子摆尾的那一刻，他"像原始人一样行动"：他忘记了一切，不经思考就办成了他一直准备做的事情。

这是勇敢的第一个条件：积累经验，增长才干，掌控你的舒适区然后勇敢地走出来，并且"多走一步"。资历浅薄的人只会高谈阔论，却不敢多做。而真正具有丰富经验的人无法完整地把自己的经历说出来，他们更能倾听自己的直觉。勇敢是一种结果，一种征服：我们不是天生勇敢，而是变得勇敢起来。

实际上，真正的经验总是切身的体验，正因如此，它才能决定我们如何承担风险。在决策之时，了解自己的企业家会倾听自己的感觉和情感。过去当他顺利解决问题时，他也有同样的感受吗？每次当他知道要抓住机会时，会有同样的一种唾手可得的感觉灌注全身吗？

格扎维埃·尼埃尔年轻时沉默寡言，学习成绩一般。他并不勇敢，没什么东西真正让他感兴趣。15岁那年，他在圣诞树下收到他的第一台电脑。一切都变了。他痴迷于信息技术，找到了自己的立足点，培养起自己的技能。信息技术让他变得勇敢。要超越自己的技能，发觉自己能够变得勇敢，就必须首先拥有一项技能。

我们都知道利诺·文图拉[1]在电影《亡命的老舅们》中那句著名的反驳："蠢货什么都敢，正因如此我们才能认出他们。"他们什么都敢，因为他们什么都不知道，或者知道的东西很少。他们缺乏经验，没有技能。不过，他们的勇敢真的是勇敢吗？可能并不是：他们无法衡量自己承受的风险。

学会敢作敢为，就是学会并非所有事情都

必须敢做，而只在不得不做，只在条件逼迫我们迈出这一步，做出超出我们认知范围的行动时敢于去做。因此，我们能从勒内·夏尔优美的诗句中听出另一层含义："创造你的运气，把握你的幸福，去冒险吧。"

"把握你的幸福"：乐于做你所做之事，待在你的舒适区，只要条件允许就不用出来。

"去冒险吧"：在必要时，要有走出舒适区冒险的勇气。

只有精通的技能才能带来未精通的技能。每当我们感到缺少勇气时，就应该想到这一点。

欣赏别人的勇气也能帮助我们学会敢作敢为。别人的勇气让我们安心，向我们证明了每个人都可以成为自己。巴勃罗·毕加索在迭戈·委拉斯开兹[2]和保罗·塞尚[3]身上，乔治·布拉桑[4]在夏尔·特雷内[5]身上，芭芭拉在艾迪特·皮雅芙身上，都找到了这样的勇气。芭芭拉并没有模仿皮雅芙，正因如此她才成了芭芭拉。皮雅芙敢于使用一种女性的表达方式，营造出悲剧的感觉，但芭芭拉用自己的方式否定了这种风格。她的欣赏是以最为崇高的方式，针对皮雅芙个人的。皮雅芙给了她翅膀。面对独一无二的《玫瑰人生》的创作者，芭芭拉用自己的才华成就自己。特雷内想成为一名诗人，但受到美国爵士乐复杂节奏的影响。他的例子向布拉桑证明，无需对自己的执著让步，仍能创作出优美的流行歌曲。和毕加索一样，委拉斯开兹也是西班牙安达卢西亚人，毕加索特别欣赏他对作品人物目光的运用和画中画的表现手法，这种魔术师般精湛的技艺把绘画作品——比如《宫娥》——变成了一个个谜题。这些魔术效果成为毕加索作品的关键。他模仿《宫娥》创作了 58 幅作品，并在最后一幅画面中央的镜子中，用他自己代替了委拉斯开兹。伟大的勇敢者也是伟大的崇拜者，他们钦佩别人身上显露出来的独特性。因此，他们不会复制这种独特性：别人之所以让他们着迷，正是因为别人不可模仿。但他们能从中受到启迪。这是模范的美德，不应简单地模仿。

马克·吐温在《哈克贝利·费恩历险记》中

写道："远离那些阻碍你实现抱负的人。这是小人才有的习惯。那些真正伟大的人会让你意识到你也可以变得伟大。"伟大的人无须多言便让我们明白这一点，他们只须做他们自己即可：他们的榜样作用胜过千言万语。

如果我们缺乏勇气，可能就不会钦佩别人。如果没有鼓舞人的大家名师，经验和技能可能会压制我们的独特性。钦佩可以变成一个开关，开启我们大胆使用自身技能的新阶段。

从这个角度来看，平庸人物出现在名人杂志并且大卖特卖，对于社会来说是危险的。这是真人秀节目的产物。一个时代出现了这么多既无才华也无魅力的人物，这是历史上前所未有的情况，其后果我们尚无法衡量。没有可以钦佩的人，威胁到的是我们自己的勇气和创造力。

要想成功地实施行动，也不能太追求完美。一提到要公开讲话，要弹一首钢琴曲，或者要背首诗，许多孩子就不知所措。他们宁愿什么都不做，也不愿创造不完美的东西。实际上，他们害怕行动，自己劝自己说还没准备好。他们过于追求完美。我们应该告诉他们，行动，而且只有行动，才能释放恐惧。把保罗·瓦莱里[6]的这句话说给他们听："为了行动，必须忽略多少事情。"在这里，"忽略"的意思是"不知道""不加考虑"。这句话因此被赋予了双重含义。这意味着不知道前方的困难可能反而有益。我们必须能够忽略一些我们所知道的，忘掉一些数据资料。完美主义者恰恰相反：他们认为，在开始行动前就必须了解一切。因此，他们过于压抑自己，而不会做出行动，或者做得不好。

数字经济是治愈完美主义者的良药。技术进步和新的消费习惯以极快的速度更迭，已经不可能用传统经济中的方式来处理这些问题，即在将产品投放市场之前对其进行长时间的测试。过一天产品就可能会过时。因此必须不断推出新的服务和产品，了解客户的反应，然后改进或者退市。相比以前，失败更加紧密地与工业结合在一起。完美主义无立锥之地。

例如，谷歌作为全球市值第二的公司（仅次于苹果），一直在进行找不到受众的创新。谷歌的管理层担心被不断涌现的创新打个措手不及，所以他们一开发出新的产品就立刻推向市场，哪怕冒着要改变开发方向的风险。这家互联网巨头成立于 1998 年，在它短暂的生命中，有数十种产品和服务被抛弃。但放弃的这些却是谷歌进步的标志。谷歌失败的次数、它的创新能力和它的实力之间相互关联。

谷歌眼镜的商品化在 2015 年中断。在谷歌 Wave 和谷歌问答相继失败之后，谷歌阅读器也在 2013 年停止服务……期待与脸书竞争的社交网络"谷歌＋"也失败了。但它确实起到了引导互联网用户在网上冲浪时登录谷歌帐户的效果，谷歌因此能够收集他们的使用习惯信息并据此提供新的服务。消费者对服务不完善之处的反馈让改进服务成为可能，或者提供另一种服务——这种可能性更大。因此，他们的逻辑是持续改进，而不是完美主义的冲动。当我们打开谷歌主页时，有时会在构成谷歌标志的字母下方看到这样一句话:"不断尝试,我们最终会成功。失败越多,就越有可能成功。"谷歌是一台"试验机"。它的方法是多多尝试,多多失败,以此成功。如果谷歌的管理者总想着推出完美的产品,他们的创新和盈利能力都会下降。我们站在害怕失败的对立面,却伪装成完美主义,为一切放弃辩护。

要释放我们的胆量,就必须时刻牢记这一点:没有勇敢出击就失败会更难以忍受。谁没有过一整晚都不敢搭讪一个有吸引力的人的经历?比起坐失良机,失败早已注定,我们发现还不如至少尝试一下,哪怕这意味着失败。布拉桑的《过客》是他最动人的歌曲之一,就讲述了因为缺乏胆量带来的痛苦后果:

谨以此诗

献给我们曾在隐秘的时刻

悄悄爱过的女人

"隐秘的时刻"即我们犹豫不决，没有勇气上前搭讪的时候。他接着描述了男人不敢接近的女人的不同形象：

旅途的伴侣

她的眼睛是迷人的风景

让旅程显得那么短暂

也许只有我一人才能理解

却让她淡然下车

甚至没有牵一下她的手……

然后，当我们走到生命的尽头，思考着所有这些我们未能抓住的机会时，一阵苦涩向我们袭来：

如果我们错过了生活

我们会带着一丝渴望

想着没敢接受的亲吻

想着等待着你的真心

想着再也没见的眼眸

于是,在烦闷的夜里

孤独充满了

回忆的魅影

我们痛惜那些漂亮过客

一瞥而过的朱唇

当时却没把她留住

运动员也知道这一点：没有尝试就输掉的比赛只会留下难以下咽的苦涩。没有经过全力以赴的努力，没把才能发挥出来就败局已定，这才是我们最大的遗憾。

因此，要学会敢作敢为的方法主要有四：提升自己的能力，欣赏他人的勇气，不要太追求完美。同时牢记：没有勇气的失败让人格外难受。

1 利诺·文图拉（Lino Ventura, 1919—1987），意大利演员，演艺
　生涯大部分时间在法国度过，1973年获第21届圣塞巴斯蒂安国际
　电影节最佳男演员奖。
2 委拉斯开兹，全名迭戈·罗德里格斯·德席尔瓦－委拉斯开兹
　（Diego Rodríguez de Silva y Velázquez, 1599—1660），文艺复兴
　后期巴洛克时代、西班牙黄金时代的一位画家，对后来的画家影
　响很大。
3 保罗·塞尚（Paul Cézanne, 1839—1906），法国著名画家，风格
　介于印象派到立体主义画派之间。他的作品为19世纪的艺术观念
　转换到20世纪的艺术风格奠定基础。
4 乔治·查尔斯·布拉桑（Georges Brassens, 1921—1981），法国
　歌手、词曲作者和诗人，被认为是法国战后最有成就的诗人之一。
5 夏尔·特雷内（Charles Trenet,1913—2001），法国歌手、作曲人，
　他最著名的歌曲创作于20世纪30年代末期至20世纪50年代中期，
　但其职业生涯一直持续到20世纪90年代。
6 保罗·瓦莱里（Paul Valéry, 1871—1945），法国著名作家、诗人，
　法兰西学术院院士。

第十二章 —— 学校的失败？

"教育，不是填满一个花瓶，而是点燃一团火焰。"

——蒙田

我们学校充满了才华横溢的教师，他们关心我们的孩子，乐于见证他们的进步，我们学校里的老师能够让学生爱上知识，全心全意地为每个人提供同样的成功机会。在我遇到伯纳德·克莱特这位魅力十足的哲学老师之前，我在文学课上有了当作家的想法，并且为这个想法跃跃欲试。今天我可以说，是他改变了我的生活。教师这份职业每天都给我带来极大的快乐。所以，我在这里绝不是想要攻击我们的教育模式，因为没有一种教育体系是完美的。

然而，在我看来，如果一所学校不教授失败的美德，就意味着它没有履行职责。在批评之前，我想澄清一下我的立场。我曾在背景情况十分不同的环境中任教：有上法兰西大区一个小镇的普通学校，有巴黎的大型高中，有塞纳－圣但尼条件很差的学校，有荣誉军团国立高中，也有巴黎政治学院。我的学生有蒙费梅伊市镇博斯凯街区的居民，也有来自巴黎高端街区的孩子，有北部省骑着山地自行车穿越田野来上课的人，也有住在郊区从没见过大海的年轻人。但从他们身上，我发现了一些共通的东西，这对我来说是个问题。

学校不太鼓励特立独行

第一个共通之处是学生很少因为犯错的方式而受到表扬，这件事看起来微不足道，但事实并非如此。因为感兴趣而偏离论述的主题，这与没有做作业而得了一个很低的分数是不一样的。我们应该更多地赞赏犯了原创性错误的学生，向他们强调因为好奇且以出乎意料的方式失败，预示着未来即将成功。这样学生能更好地接受批评，并受到鼓励施展自己的才华，同时明白犯错并不丢人。

我在多年的教学中发现，教师如果强调学

生失败时展露的独特性会起到很好的作用。我观察到，在这个时候，这种态度让学生很是受用。他们喜欢听人说，没有人犯过这么有意思的错误，他们提出了一个主题，可能与原问题毫无关系，但绝对吸引人。或者只用说这是一次"很好的尝试"就足够了。他们会被逗乐，有时甚至会受宠若惊，绝不会感到羞辱。

　　普遍而言，我们应该更多地停留在失败本身之上。太多时候，我们都继续前进，仿佛我们不想见到失败，仿佛失败没有价值，是可耻的。法国学校里的一个经典场景是，学生看到他的分数很低 ——这往往是公开的，而在美国是无法想象的——然后看老师当着全班同学的面对答案。这种行为传达出来的信息很清楚：成功只有一种方法。只有这种方法才是有趣的方法，而失败的方法不是。这一幕不断上演。当然，这不是法国独有的做法，但在有些国家，例如芬兰，绝无可能这样对答案，因为它与个性化教学的原则相悖。

　　法国学校的一大特色是只用一种声音向全

班三十多名学生同时讲授课程。尽管小组学习的方式得到了发展，每周也安排有两个小时的个性化陪伴学习，但经典的授课模式仍然占主导地位。文科预科班、巴黎高商预科班或者数学预科班通常都会有 40 名学生。观察其他国家的教育体系就可以看出，我们的教学模式多么容易扼杀别具一格的人才。

在美国、英国甚至德国，班级里的学生人数更少，教师与学生之间的个人关系十分紧密。一些英国学校会定期发奖，既奖励学业成绩好的学生，也会奖励获得"当日笨蛋""本周笑星"或"最美情人"等称号的学生。他们所做的一切都是为了鼓励学生发展自己的个性，其重要性远超学业成绩。

在国际学生能力评估计划（该计划由经合组织开展，旨在衡量各国的教育成果）中，芬兰长期占据教育各项分类的欧洲领头羊位置，不同的社会经济背景几乎对学生成绩没有任何影响，学校之间差距很小，学生满意度高……芬兰的班级平均人数只有 19 人，因材施教，对每个学生采用不同教学方式。这里只举一个让法国人吃惊的例子：芬兰孩子直到 9 岁才开始识字。最初的几年是唤醒天赋和好奇心的时期。芬兰学生直到 11 岁才有分数。从 7 岁到 13 岁，在整个"小学"期间，他们学习的课程相同。从 13 岁开始，他们可以从 6 个选修科目中进行选择，灵活地构建自己所学的课程。从 16 岁起，他们可以完全自由地设计学习课程。这里没有法国式的传统班级，几乎没有任何讲授性的课程。法国的教师必须遵守课程大纲，并且定期检查，而芬兰的老师享有极大的教育自由。结果便是，这个不到六百万人口的小国成为了世界上最具创新力、专利申请率最高的国家之一。这并非投入资源多少的问题，芬兰的教育总支出占 GDP 的 7%，和法国差不多。

这一成功的核心是一个很简单的想法。约恩苏市皮耶利斯河中学校长哈努·诺曼恩总结道："重视学到的而不是没学会的。最重要的是，要让学生觉得自己有擅长的事情。"因此，他们对没做好的作业或者失败的练习有着完全不同的看法。在法国被视作违反规则的行为，在芬兰老师眼里却是珍贵的观点，指示他们如何引导学生发挥自己的才能。

第二个共通之处是，学校都要求学生研究自己的弱点而不是强项。我花了很长时间才意识到这一点，但从那以后我就发现这个问题无处不在。我参加过几十次班级讨论会，老师们在会上更多地是强调学生的弱势科目，而不是表扬他们在其他科目上的出色表现。如果一个14岁的学生特别擅长绘画或法语，但数学成绩很差，那么讨论的主题通常是如何在数学上取得进步。在美国或芬兰，重点则会放在绘画或法语天赋对他一生会起到的作用上。我们学校的理想是教出一个完整、勤奋、"听话"的学生。各方面都比较好的学生比一些科目非常出色，而另一些却很弱（即"偏科"）的非典型学生更受老师喜欢。

在我们如此行事的背后，有一套值得怀疑的世界观。成功的人生需要什么？是没有弱点，还是有强项？是不出错地采用各种方法，让自己各方面都比较好，还是有自己的优势和弱项，从而展现自己的独特性？

朱利安·格拉克[1]回答了这个问题。他写出了《西尔特沙岸》《在阿戈尔古堡》等多部杰作。在《忧郁的美男子》中，他提到了国际象棋选手的制胜策略："以尼姆佐维奇为例，他的策略也许最有深度，也是我们最能借鉴的——可能也是最容易应用到象棋之外其他领域的：'绝不要强化弱点，永远只加强优势。'"

格拉克并不只是那个受超现实主义影响、写作风格令人眼花缭乱，并于1951年拒绝龚古尔奖的作家。他还是一名高中历史地理老师。这句话大体概括了他的教学智慧。虽然有必要强化自己的弱点，以免被其拖累，但重要的是"增强优势"——瞄准自己的才能。

如果学校敢作敢干呢？

我们法国的学校似乎只看重好学生、"听话"的学生。但要求学生遵守规则而不是敢于做自己，这不正是平均主义的逻辑吗？我们还有理由责备平均主义吗?

如果大胆而富有创造力的学生在教室里感到局促的话,也许他们能在学习之外展示自己的与众不同。歌手卡米尔在进入巴黎政治学院之前,曾就读于巴黎的亨利四世中学,但这并没有阻止她成为法国音乐界最独特的声音之一。让-雅克·高德曼[2]毕业于法国北方高等商学院,歌手安托万毕业于著名的巴黎中央理工学院。此外,法国国家统计与经济研究所的一项调查显示,法国的艺术家普遍比其他国家的艺术家拥有更高的学历。我们的学校在遏制独特性的同时,也滋养了它们。

这个想法固然让人欣慰,但与此相反的是,不少大胆的人正是因为无法忍受这些学校的约束而选择退学。让-保罗·高缇耶[3]放弃了学士学位,急于直面这个世界,全身心投入他的艺术中。他把自己的草图寄给皮尔·卡丹,深受后者喜爱。当时他还不满18岁。艾伦·杜卡斯[4]受不了学术教育的桎梏,高中毕业后在苏斯顿的朗带小楼餐厅开始学徒生涯。弗朗索瓦·皮诺[5]16岁离开学校。让－克洛德·德科在 18 岁的时候创立了他的街道设施集团德高……他们都从培养优秀学生的学校逃出来,给了自己的才华一个放飞的机会。22% 的创业者在高中毕业前后辍学。

因此,我们应该构建另一种学校吗? 在回答这个问题之前,让我们先回顾一下历史。我们教育体系的主要目标是保证权利的平等,而不是发挥学生的独特性。教育的核心是给予所有公民相同的知识,从而赋予他们相同能力以行使公民权利。其设计者茹费理[6]、费迪南·比松[7]和维克多·库赞[8]都受到康德启蒙哲学的影响。康德认为,通往自由的教育需要学习规则和法律。因此,我们的思维模式有普遍主义和理性主义的显著特点:犯错意味着错误的行为举止,永远不被看成大胆的一种表现而得到重视。

长期以来,这种模式收到了很好的效果。出身低微的孩子借助这个体系摆脱了困境。学校对每个人,不管是工人的孩子,还是老师或者名人的孩子都一样,社会的上升通道因此发挥作用。没有这个体系,那些没有出身在大户人家的孩子就没有机会展示他们独特的才能。夏尔·佩吉[9]赞颂的"共和国骠骑兵"是真实存在的：开学前一天，这些刚拿到教师资格证的老师们走下火车，踏上外省小城火车站的站台，准备好赴任时，省长就站在那里欢迎他们，代表法国感谢他们。以平等的名义感谢他们。

时代变了。国际学生能力评估计划暴露了我们国家糟糕的教育水平。今天，社会经济背景决定学习成绩。大学校[10]成了社会化再生产的学校。尽管有许多堪称模范的教师不懈努力，但我们的教育体系已是危机四伏。它保证不了社会的流动性。塞纳-圣但尼的斯丹初中的学生所受的教育同巴黎或者里昂城区的学生并不一样。但在50年前情况并非如此。

如果学校不再平等，那为什么不转变成发挥学生独特性的学校？如果学校不再能够教授每个人相同的知识，为什么不强调特殊才能、创造力和主动性？既然学校没有了标准规范，为什么不学着鼓励那些敢于尝试的人呢？我们不应拘泥于过去的模式，而应该留意时代的变化，并从中发掘改革教育体系的机会。为此，我们必须用另一种方式谈论企业家精神，但我们会看到我们还差得很远。为此，我们必须能够重视"有用的知识"，但我们会发现在我们的文化中，并不存在对"有用的知识"的重视。

第三个共通之处是，老师们并不了解企业，企业的真实面目被扭曲了。许多经济学教科书仍然充斥着老板"剥削工人"的陈词滥调，这些论述甚至在观察更为细致入微的马克思的著作中都找不到。我们的教科书也从不描绘大胆的企业家。与美国人不同的是，法国人最喜欢的人物名单中没有商业领袖。不少人正在做各种各样的努力来改变这一现状。最重要的一项举措来自企业家、作家菲利普·阿亚特，他于 2007 年创建了十万企业家协会，让企业家走进初高中校园。在短短十年间，该协会已经走访了全法 10% 的中学生。阿亚特在《未来触手可及》一书中讲述了这些企业家如何登上讲台，如何向学生们描述企业家这项的奇怪工作：从一个愿望、一个想法或者一个需求出发，寻找资金，管控风险，然后试试运气。他们还告诉学生们，法国的中型企业数量只有英国的一半、德国的三分之一，但只要数量能翻一番，困扰法国的大部分问题就能够迎刃而解，比如长期失业、公共财政赤字、社会保障机构破产等。虽然他们有时也能够启发年轻人，却通常会遇到一些反复出现的问题：没有资金怎么办？怎知道我们的想法好不好？但其中有一个问题问得最多："如果我失败了怎么办？"

对失败的恐惧是限制我们青年人发展的罪魁祸首。

第四个共通之处是，我们不重视"有用的知识"。知识常常被当作目的本身，或者只是用来评估的手段。国际学生能力评估计划的研究结果显示，法国学生离开学校时掌握了很多知识，比许多国家——比如美国——的学生多得多。但是，尽管我们的学校给学生灌输了各种各样的知识，但那是以一种过于理论化、学术化，不够

"存在化"的方式呈现给他们的。

　　知识的价值并不在于其本身，而在于它在人一生中能够改变什么。我们必须大方承认我们与知识之间这种"工具性"的关系。我们对整体学业水平的下降应该有清醒的认识，这足以让我们意识到，必须从学生能够利用知识干什么的角度来引起他们对知识的兴趣。许多老师对此深信不疑：历史老师向学生展示过去的知识能帮助他们知古识今；哲学老师教会来自社会底层的孩子在哲学中找到表达自己，甚至为他们的叛逆辩护的方法。但这些老师常常受到教育督导的惩罚。这些人假装没有看到法国发生的变化，并指责那些让自己适应学生的老师是巧言令色的蛊惑家。但是，没有其他方法可以建立起联系。我仍记得有一位督导曾给我充当起教师爷来。在批评了我的教学方法之后，他一脸笃定地提醒我"学校"这个词的含义是"即使万物变化，学校也保持不变，它是当其他一切都崩塌时，学生仍然可以依靠的'导师'"。说完，他满脸得意。可是我坚信，我们国家正在经历变革，学校必须

"变化"，才能适应不断变化的世界。

在《不合时宜的沉思》第二篇[11]中，尼采对"虚荣的学术"和"小资产阶级精神"感到愤怒。他幽默地嘲笑那些对待自己的知识就像古董商对待"小玩意儿"的人：他们成天掸着灰，拿这些玩意儿什么也不做，最后掸起来的扬尘让他们气喘吁吁。尼采提醒我们，关键的问题不是"我知道什么"而是"我要用我知道的来做什么"。尼采把对知识的运用分为两类。一类是我们用知识让自己放心，把自己严格限制在能力范围之内。然后，我们便屈服于"恐惧的本能"。另一类是我们从这些知识出发，前往别的地方，并用"艺术的本能"来处理它。在这种情况下，知识的作用是把我们推到生活中去，推动我们行动，让我们投身于生存不断的再创造中。

吉卜林的《如果》中有一节与尼采的知识哲学产生了美妙的共鸣：

如果你会冥想、观察和认识

而绝不变成一个怀疑者或破坏者

做梦吧，但不要被梦主宰

思考吧，但不要只当一个思考者。

对于一个大胆的存在者而言，知识必须从一开始就被呈现出期待被超越的样子，知识就是必须打破的舒适区边界。

这里有一个观点对指导学校的改革十分重要：所有的知识都必须有利于我们每个学生用"艺术本能"战胜"恐惧本能"。当然，必须让他们学会"思考"，也绝不要"只当一个思考者"。

我们可以设想一下这种指导思想在不同层面的影响。某个科目的课程需要削减吗？这种尼采式的观点可能有助于区分哪些应该保留，哪些则没什么用。我们是否还应该教授拉丁语和古希腊语？应该，但前提是利用死语言帮助我们理解今天的法语。职业高中十分必要，能促进就业，却不受重视？在一个核心问题不再是"你知道什么"而是"你打算用你的知识做什么"的世界里，职业高中就会得到重视。

　　这种与知识自由的联系，这种创造力基于"工具性"的关系，正是高三哲学课要教授给学生的内容。哲学就是从伟大先哲的理论出发，学会自己思考。我们的目标不是教授思想史，而是自由思想的乐趣。当学生们发现笛卡尔认为自由是一种选择的能力而斯宾诺莎则相反时，他们就必须形成"他们自己"的关于自由的观念，参考读物只是为他们的反思提供的背景材料。不要说这些知识"必须记住"，而要引导他们自主分析，这样学生们便能把知识记得更牢。这就是为什么应该在小学教授哲学的原因。这是一种给我们的年轻人定调的好方法，让他们了解与知识这种实用性、存在性的关系，并尽早向他们灌输批判的精神，这是对抗意识形态和身份认同危机最好的堡垒。

　　同样，这也是向他们展示成功的生活是受到质疑的生活的好办法，是引导他们敢于在生活中冒险的好方法。

1 朱利安·格拉克（Julien Gracq, 1910—2007），法国作家，本名路易·普瓦里耶（Louis Poirier），1930年前后在法国高等师范学院受教育，主修历史与地理。他曾在坎佩尔、南特、亚眠及巴黎克洛德贝纳尔的中学教书。他始终拒绝加入任何文学流派，但被称为"超现实主义第二浪潮"的作家。

2 让—雅克·高德曼（Jean-Jacques Goldman,1951年生），自己作曲、填词并演唱的法国歌手。

3 让—保罗·高缇耶（Jean-Paul Gaultier, 1952年生），法国高级时装设计大师，曾于2003年至2010年担任爱马仕的设计总监。

4 艾伦·杜卡斯（Alain Ducasse,1956年生），法国名厨。他在摩纳哥、纽约和巴黎开设了三家餐厅，均被"米其林指南"评为"三颗星"，合计便有九星，杜卡斯因此也被称为"九星名厨"。

5 弗朗索瓦-亨利·皮诺（François-Henri Pinault, 1962年生），法国开云集团董事长兼CEO。

6 茹费理（Jules Ferry, 1832—1893），法国共和派政治家，曾两次出任法国总理，任内推动政教分离、殖民扩张和教育世俗化。

7 费迪南·比松（Ferdinand Buisson, 1841—1932），法国教育官员、和平主义者和社会主义政治家，1927年与路德维希·奎德一同获得诺贝尔和平奖。

8 维克多·库赞（Victor Cousin, 1792—1867），法国教育家、哲学家、历史学家，曾担任公共教育委员会委员、教育大臣，对法国近代教育体系影响很大。

9 夏尔·佩吉（Charles Péguy, 1873—1914），法国作家、诗人、散文家，在第一次世界大战中战死。

10 大学校（grande école）是指法国教育部定义为"通过入学考试录取学生并确保优质教学的高等院校"，入学考试在两年的大学校预科班学习之后进行，与只需通过高中会考即可取得入学资格的公立综合性大学（université）是两套不同的高等教育体系。相对于综合性大学而言，大学校规模小、专业性更强，以培养高级专业人才而出名，在法国就业市场上得到了很高的认可，被称为法国的精英教育。上文提到的巴黎政治学院、各类高等商学院、巴黎理工等均属于此类大学校。

11 即《历史学对于生活的利与弊》，国内一般将尼采的四篇"沉思"（另外三篇分别是《施特劳斯——表白者和作家》《作为教育者的叔本华》和《瓦格纳在拜雷特》）合编为《不合时宜的沉思》。

第十三章

——

——用成功造就成功

"如果你是因《紫雨》而来，那你来错了地方，重要的不是你已经知道的东西，而是你准备去发现什么。"

——王子 [1]

本书进展到这里，我们一直都在思索如何在失败中取得成功。但要长期成功，就必须用成功造就成功——这并不容易。要有勇气把成功也当作了解自我、重塑自我的机会。无论成功还是失败，我们都必须对过度认同保持警惕：用失败来定义自己是灾难，认为自己将屡战屡胜也可能是悲剧。

观察那些长期成功人士的作风大有裨益。

克洛德·奥内斯塔培养起来的法国手球运动员取得了手球队从未有过的成就：五次世界冠军、三次欧洲冠军、两枚奥运会金牌……他们都是专家[2]；本世纪初，他们就拿下了9个国际冠军。像大卫·鲍伊[3]和王子这样的艺术家，几十年来一直保持着先锋地位，专辑销量经常在榜单上名列前茅。

他们的秘密是什么？他们看待自己的成功的方式，正是我们应该对待失败的态度：继续寻找，扪心自省。他们从不被一个想法束缚自己的手脚，也不把自己禁锢在单一的形象之中。虽然他们重视成功，但他们知道关键并不在成功本身。他们也知道情势的重要性。简而言之，他们身处成功的核心，却展现出了"失败的智慧"。是失败推动了他们吗？比如鲍伊的第一张一半民谣一半流行歌曲的专辑就失败了。还是他们本能地保持冷静？他们是否觉得成功的生活也许就是在运动、在探索的生活？

无论如何，他们都遵循了吉卜林《如果》一诗中倒数第二节的建议：

如果你在失败后遇见成功
用同样的脸色接待这两个说谎者，
如果你能保持你的勇气和理智
哪怕其他人都将它们统统失去……

说它们是"两个说谎者",是因为"成功"和"失败"一样,只要我们用成功总结自己、定义自己,让自己被成功所束缚,它就会欺骗我们。失败欺骗我们,让我们认为自己是一个失败者。成功欺骗我们,让我们以为一次偶然的成功或者我们的社会形象就是我们的本质存在。但当我沉醉在成功的喜悦中时,如何"保持理智"?方法是:永远别忘了,唯一真正重要的成功,是我们的人性之旅,而真正的挑战在于,无论成功或者失败,我们都必须展现出人性的光辉。这首诗最后升华道:

比国王与荣耀更值得的是,
你将成为真正的男子汉,我的儿子!

每当我听到法国手球队教练克洛德·奥内斯塔答记者问时,我常常惊讶于他说话的语气。当专家大胜归来,当球员们赢得了新的奖项,打破了新的记录,在一片兴高采烈、热闹欢腾之中,他总是冷静稳重,眼神和语气中透露出一丝隐忧。他仔细分析胜利的样子，就好像那是一场失败一样。关掉电视的声音，人们甚至会怀疑比赛到底是输是赢。我读了他写的《无拘者的统治》一书之后，才明白其中的原因。每次胜利之后，他都想继续自我革新。他解释说，要保持最高水平，决不能连续两次使用相同的策略，尤其当自己是世界冠军，所有的参赛球队都在分析你的比赛时。他写道："历史性的三连胜和所有这些俗气的名誉，我都不在乎。我脑子里只有一个想法，更温和，也更复杂。明知别人会竭尽全力让我们失败，我们下次怎么获胜？正是这种谜一样的问题，在理智上，让我着迷。"这真是很好的一课：当其他人在尝试着让"有效战术"继续发挥作用时，奥内斯塔却深知继续创新十分必要。对他来说，赢，就是打败预测，永远领先一步。这位曾经的体育老师断言："如果你的比赛永远遵循一种原则，只呈现一种模式，那么你已经死了。以法国队为例，我们的战术包含了大约15种进攻机制。如果我听球员的话，那我就得计划所有这些选项的第一、第二、第三、第四阶段。这样的场景让他们放心，也让纸上谈兵的教练放心。但我却放心不下来。在所有的体系之上，我最看重的是进取精神。在训练中，我更看重进攻的意图。"

要想成功，就要警惕心满意足的陶醉，同时投身于创造性的快乐，这种快乐更深入、更冷静。这是把成功看作对大胆的坚守——即吉卜林笔下的"保持勇气"。这是把成功看作需要承担的义务和赋予的新责任。法国手球队的昵称经常变化——一开始是"晒黑的人"，然后被称为"怪人"，接着是"壮汉"，最后是"专家"——这本身就象征着他们的"成功"法则：不要在意被贴上的标签或者获得的头衔，它们只会把你困住，让你躺在功劳簿上；相反，要尽力频繁地"改变一切"，尤其是当"一切"都能正常运转时。

2005 年，纳达尔首次赢得法网冠军时年仅19 岁。他的叔叔托尼走进更衣室，对他说："你知道，很多在这里获胜的人都以为这是第一次，结果却是最后一次。"这位教练培养的新手此时在巴黎红土上加冕才几分钟，他就提醒纳达尔：当心这场胜利——在教练眼里，这个提醒必不可少。胜利只是一项成就，你应该把它变成一种开始——"保持你的勇气和理智，哪怕其他人都将它们统统失去"。

纳达尔似乎把这句忠告听进去了：这是他九个法网冠军中的第一个。历史上从没有球员能在同一个赛场上赢得九个冠军。

萨特在《魔鬼与上帝》中写道："被上帝选中的人也就是被上帝的指头逼到墙角里的人。"[4] 这位《存在主义是一种人道主义》的作者不愧是妙语连珠的天才，对自由满腔热情。因此，他在成功里看到了被"困住"，甚至被异化、被剥夺自由的危险，就毫不奇怪了。在他的虚构作品中，萨特经常嘲笑这些新贵人物，他们困于自己的社会地位，因为相信自己"功成名就"而正在慢慢死去。萨特在1964年拒绝诺贝尔奖的一个原因就是，他不想被诺贝尔奖所定义，不想在额头贴上这个标签一直到死，甚至死后还在。他渴望继续自由地表达自己，而不是成为瑞典学院的同路人。他已经不想"当"让－保罗·萨特了，更不能"做"诺贝尔奖得主。

在这之前的 1957 年，44 岁的加缪获得诺贝尔文学奖时，也曾有过同样的恐惧，他对成功的代价同样充满疑虑。但他的反应却不同。

一方面，他接受了这一殊荣，并在授奖演讲中坦言这个奖不仅仅是"他的"："我接受这一殊荣乃是为了向那些和我共同作战的人们表示敬意，他们没有得到任何表彰，相反地却受到迫害，遭受诸多痛苦。"[5] 这是一个不让自己被成功限制住的好办法。

另一方面，在这一荣誉的驱动下，他加倍努力地工作和创作，以新的热情投入"教育小说"《第一个人》的写作中。在这部作品中，他回顾了在阿尔及利亚度过的童年，谈论了战争创伤、忠于自己这些问题。加缪意识到，这项认可分量太重而且为时过早，让他面临灵感枯竭的风险。他还是在打败自己青年时崇拜的大师安德烈·马尔罗之后获得这项殊荣的，这让他的反应反而更

加大胆。他把这一殊荣作为一个任务、一种责任
承担了下来，似乎想通过这本雄心勃勃的关于他
个人的书——有人认为这是他最好的书——来反
证他获得诺贝尔奖实至名归。在他获奖后的几个
月里，当记者问到对他的认可时，他总会用现在
的工作有多么忙来作为回答。

诺贝尔奖让他朝着更高尚的方向前行。加缪
在瑞典学院的演讲中说道："真正的艺术家，对
任何事情都不能等闲视之，他必须强制自己去理
解，去体会，而不应去判决。如果在这个世界上，
他想支持某一个派别，那么这个派别就是社会的
派别，按照尼采的至理名言，那就是法官将不能
支配一切，支配一切的将是创造者。"

成就自己的成功，就是在各种场合中，都
承担起作为创作者的责任。

奥内斯塔和托尼·纳达尔了解成功的代价，
知道不应被胜利的指头"逼到墙角"。奥内斯塔
说，他唯一关心的问题——"我们下次怎么获
胜？"——既"更温和"也"更复杂"，因为他

知道，在成功中保持谦虚是多么困难。然而，这正是伟人的力量之源：置身胜利也不忘质疑自己。

安德烈·阿加西在自传《网》中说道，他赢下比赛都是靠着差不多的办法。他甚至觉得在成为世界第一之后，自己仍然很糟糕。他解释说：打得比别人好并不意味着真的打得好。与其他人相比，他的确更好，但与他自己，与他的高标准、他渴望的创造力，尤其是他想要的乐趣相比，他打得还不够好。这看似傲慢的言论实际上只是因为他谦虚，这是谦逊的最高形式，纳达尔一家也以此为荣。在目前的冠军中，纳达尔花在给别人签名上的时间最长，他经常与崇拜他的孩子们见面，这些孩子希望离开的时候能有一张签着"拉斐"名字的皱巴巴的纸。

2005年6月12日，乔布斯在斯坦福大学那场著名的演讲结束时说道："Stay hungry, stay foolish!"这句话常被翻译成"永不满足，保持疯狂"。如果我们回归英语的原意，乔布斯的建议听起来更加铿锵有力：保持饥饿，保持愚蠢，甚至当个傻子！获得成功没有比这更好的办法了。

保持饥饿：保持你内心中的这种匮乏感，这是欲望的另一个名字。

当个傻子：如果理智告诉你，曾经有用的东西也能再次奏效，那么请远离这样的理智。在这种情况下最好当个"白痴"：正如瓦莱里所说，"为了行动，要学会忽略"。

"饥饿""愚蠢"、永远在探索，在无数次的成功与失败中自我革新，这就是大卫·鲍伊真实的画像。2016 年 1 月，在去世前两天，他还发行了一张新专辑《黑星》，这是他第 28 张专辑，他仍在探索新的音效。他的职业生涯前后跨越五十多年，在此期间，他从一种流派换到另一种，从一个"身份"转到另一个，呈现不同的面孔。他曾是大卫·罗伯特·琼斯，然后是大卫·鲍伊、奇吉·星尘[6]，接着是《让我们跳舞吧》的流行歌手、雌雄难辨的花花公子，然后是男子汉气概满满的"坏男孩"、《从车站到车站》里面色苍白的贵族，然后是《从灰烬到灰烬》里的悲伤小丑。这个曾在年轻时演过哑剧的人，最终以奇吉·星尘的华丽摇滚确立了自己的地位。在这之后，《让我们跳舞吧》这首虽然古怪但很抓人的流行歌曲为他带来了更大的成功。不过，他并没有陶醉于眼前这个迷人又充满隐喻的角色，而是尝试了其他东西。那时他才真正成为了全球巨星，在世界各地的体育馆里唱响了《中国女孩》《让我们跳舞吧》《摩登爱情》这些歌曲。他还会发生许多其他变化，甚至会成为《锡机》[7]的摇滚歌手，后来，他还开始接触电子乐，以及鼓和贝斯等现代音乐。他总共售出近1.4亿张专辑，同时也是一位画家，他还是朋友伊基·波普[8]和卢·里德[9]的制作人，甚至"造就"了别人的成功！

奥内斯塔把胜利当作失败来分析。大卫·鲍伊也给人一种每过一段时间就要重塑自己的印象，就好像他失败了一样。事实上，不管成功还是失败，他都会进行自我革新。他保持"饥饿"

到最后一天。

　　在大型音乐会结束之后，王子喜欢进行"演出后"的即兴表演。这位明尼阿波利斯小子会在秘密酒吧或俱乐部里充分展现他的天赋，有幸在那里看到的人也会欣赏到同样的场景。王子会不顾一切地随意更换乐器，音乐会的疲劳只会让他的疯狂有增无减。而当歌迷要求他演奏一首他最伟大的歌曲时，这位歌手总会拒绝，并加以解释道："如果你是因《紫雨》而来，那你来错了地方，重要的不是你已经知道的东西，而是你准备去发现什么。"他不想当一个头戴桂冠的著名流行音乐之王，"躺在他的功劳簿上睡去"——我们终于在这种陈词滥调之中听到了高贵的寓意。不仅如此，他还这样要求他的观众。正如他曾说过的那样，这就是他体验艺术的方式："总有一天我们都会死去。在那之前，我要舞动我的人生。"

　　大卫·鲍伊或者王子与那些只会重复成功秘

诀，直到成为笑柄的人有何不同？莱昂纳多·迪卡普里奥先后饰演了《不一样的天空》中的智障人士、《罗密欧与朱丽叶》中的浪漫英雄、《华尔街之狼》中的疯狂交易员和《荒野猎人》中的野兽捕手，他与总是扮演相同类型角色的演员有什么区别？埃马纽埃尔·卡雷尔[10]——从受罪犯让－克洛德·罗曼启发的作品《对面的恶魔》，到凄美的《异于我的生命》，再到讲述基督教故事的小说《王国》——他与那些定期出版同类型书的作者有何不同？

他们比其他人更有活力。他们要做的是艺术家，而不是技术员。他们给予我们的是生活的教学，而不仅仅是一时的放松。他们向我们展示了一种向着新事物萌发的存在的本质，一种成功之后仍保持大胆的存在，一种肯定自己、充满力量的存在，这种力量就是尼采在《查拉图斯特拉如是说》中借由生命之口所说的："瞧，自己必须不断超越自己者，就是我。"[11]成就自己的成功，就是明白自己必须在失败时超越自己。

1 普林斯·罗杰·尼尔森（Prince Rogers Nelson, 1958—2016），艺名王子（Prince），音乐家、多种乐器演奏家、创作歌手、作曲家、音乐制作人、演员，为 20 世纪 80 年代美国流行乐代表人物之一。他的音乐横跨多种风格，被普遍认为是一位音乐天才与艺术家，他的专辑在全球销售超过一亿张，是史上最畅销的音乐艺术家之一。《紫雨》（*Purple Rain*）是王子的第六张专辑，也是一部关于他的半自传形式的电影。

2 "专家"（Experts）是法国手球队众多的外号之一，其他的外号还有下文提到的"晒黑的人"（Bronzés）、"怪人"（Barjots）、"壮汉"（Costauds）等。

3 大卫·罗伯特·琼斯（David Robert Jones, 1947—2016），艺名大卫·鲍伊（David Bowie），英国摇滚音乐家、词曲创作人、唱片制作人和演员。他的作品，尤其是在 20 世纪 70 年代的音乐探索，对整个乐坛起开创性作用。

4 出自《魔鬼与上帝》第二幕第四场，译文引自罗嘉美译本（漓江出版社，1986 年）。

5 此处及下文引述的演讲是 1957 年 12 月 10 日加缪在获得诺贝尔文学奖后所做的演讲，译文引自王殿忠译本《加缪作品：评论文集》（上海译文出版社，2013 年）。

6 奇吉·星尘（Ziggy Stardust）是大卫·鲍伊创造并扮演的一个人物形象，是 1972 年专辑《奇吉·星尘的崛起与毁灭以及来自火星的蜘蛛》（*The Rise and Fall of Ziggy Stardust and the Spiders from Mars*）中的人物，一个来自外太空的摇滚明星。

7 锡机（Tin Machine）是大卫·鲍伊与里弗斯·加布雷尔斯（Reeves Gabrels）等人在 1988 年成立的一个音乐组合，同时也是该组合发行的首张专辑的名字。

8 伊基·波普（Iggy Pop, 1947 年生），本名小詹姆斯·纽威尔·奥斯特伯格（James Newell Osterberg, Jr.），美国歌手、音乐家，朋克摇滚等音乐的创新者。

9 路易斯·艾伦·里德（Lewis Allan Reed, 1942—2013），昵称为卢·里德（Lou Reed），美国摇滚乐歌手与吉他手。

10 埃马纽埃尔·卡雷尔（Emmanuel Carrère, 1957 年生），法国作家、剧作家和导演，曾获费米娜奖、法国国家图书馆图书奖等。

11 出自《查拉图斯特拉如是说》第二部，《超越自己》篇，译文引自钱春绮译本（上海文化出版社，2020 年）。

第十四章

—— 战斗者的快乐

"没有受到阻碍的快乐不是真正的快乐：快乐是矛盾的，否则就不是快乐。"

——克莱芒·罗赛[1]

没有搞砸的事情，没有遭遇的挫折，我们就无法品尝生活中最深刻的满足感。我们可以说：失败与快乐有关——不是幸福，而是快乐。

幸福是一种持续对存在感到满足的状态，而快乐只是一个瞬间。幸福是一种平和、平衡的形式，快乐则更剧烈、更分散，甚至是不理性的。当我们沉浸在这种情绪之中时，我们不是会说"高兴疯了"吗？过多的担忧会阻碍幸福，但欢乐的时刻不会。

这种喜悦——我姑且称之为"战斗者的快乐"——可以有多种形式。

重回巅峰的快乐

第一种最明显：经历了失败和失望之后，

我们走到漫漫长路的尽头，终于品尝成功时所获得的满足感。正是重回巅峰时特殊的快乐，才赋予了迟来的胜利如此多的韵味。

在高乃依的悲剧《熙德》中，伯爵反驳唐·罗德里格道："恐怕不会有什么光荣因我这次胜利寻踪而来，不冒险就取胜，赢了也没什么光彩。"[2]

如果轻而易举的胜利是"不光彩的胜利"，那么它带来的快乐就比不上那些深陷痛苦之后取得的艰难成功。我们可以通过征服的难度来估算成功的代价。

这正是阿加西的自传《网》写得最好的地方。在所有这些大满贯胜利中，他 1999 年在法网的冠军头衔让他感受到至今最狂热的快乐。这场胜利标志着他的复出，让他从长期抑郁、ATP 排名垫底，甚至是吸毒的噩梦中走了出来。

在 20 世纪 90 年代中期称霸世界网坛之后，这位"拉斯维加斯的骄子"遭遇了事业的低谷。他一直以来隐隐感觉的东西变成了现实：他不知道自己为什么要成为一名网球运动员。父亲痴迷网球，在他的训练下，阿加西整个童年都在玩父亲自制的回球机。之后他来到尼克·博莱蒂特里网球学院，专横的父亲变成了严苛的教练。结果就是，在首次拿下世界第一的那一天，他却感觉麻木。那是 1995 年，他才 25 岁。

真是一个奇特的场面。他接到一通电话，说 ATP 排名刚刚更新，但他对这个好消息无动于衷。他走在街上，放空了自己，逃离了世界。他自言自语，嘟囔着生活不是自己的选择，他只是实现了父亲的愿望而已。他不停地告诉自己，这项运动偷走了他的童年，他没有读过书，什么事情也不会做。他站在人行道上，头昏脑涨：他可能是世界上最好的网球运动员，但他讨厌网球。大约与此同时，他意识到自己的妻子——演员兼模特波姬·小丝——的真面目。阿加西在《网》中暗示她是一个自私且肤浅的人。他们当时刚结婚不久，相处只有彼此打个照面的时间。他喜欢晚上待在家里，而她只喜欢社交晚会，会在阿加西有重要决赛的清晨带着她聒噪的朋友们回

家，从不关心阿加西比赛的事情。他对什么事情
都产生不了兴趣，接着离婚、停止训练，走上了
下坡路。他发福、嗑药，输掉了大部分的比赛，
在 ATP 排名中跌至第 300 位。球场上几乎没人
认得他。在一次反兴奋剂检查中，他因吸毒而被
查出阳性。尽管他最终没有借助药物也拿下了冠
军，但他的荣誉仍有可能被剥夺。就在他准备退
出网坛时，他的挚友吉尔的女儿遭遇了车祸。就
在吉尔的女儿命悬一线的时刻，他惊魂未定地从
嗑药聚会里跑出来，开车去了医院。看到走廊里
面无血色的吉尔，他心中涌上一股爱意，一股对
朋友、对朋友女儿、对存在本身的爱意。这给了
他当头棒喝。他告诉自己，要爱那些重要的人，
生命的意义正在于此。吉尔的女儿活了下来，而
他也重获新生：他决定重返球场，但这一次他知
道是为了什么。他一直苦于没有接受过文化教
育，因此想给贫困儿童设立一个基金会。为了给
基金会提供资金，他必须再度回到世界之巅。如
果网球能够支撑这个计划，那么他就会喜欢网
球。但要走的路还很长。现在球场上的他身体笨

拙、动作缓慢，他必须重新找回属于自己的位置。为了提升排名，他参加了 ATP 挑战赛，看台上只有几十名观众。他曾是网球界的霸主，如今退步到五年前的水平，曾经嫉妒他的人纷纷对他嗤之以鼻。布拉德·吉尔伯特[3]同意当他的教练，除此之外，没人相信他。他还给吉尔伯特起了个绰号"先知"。慢慢地，他开始进步，找到了从前的感觉，身体状态也慢慢回来了，肌肉训练和慢跑交替进行，一练就是好几个小时。他很痛苦，这比预想的要难，但他咬紧牙关坚持。他追求的不再是父亲的梦想，也不是尼克·博莱蒂特里网球学院的经济利益；他追求的是自己的愿望。他想做点好事，想要俘获施特菲·格拉芙的芳心。他对格拉芙一见钟情，即使她当时并非单身。这几个月重回正轨的过程十分漫长。他赢下了一些小头衔，最终，1999 年，在经历了一系列精彩的比赛之后，进入了法网决赛，在决赛中击败了安德烈·梅德韦杰夫[4]。阿加西写道："我举起双臂，任球拍掉落在红土上。我喜极而泣，不断摩挲着头。我从未有过如此幸福的感觉，这种感觉甚至使我感到害怕。胜利绝不应该带来如此幸福的感觉，胜利绝不应该如此重要。但它就是，就是！我控制不了自己。我欣喜若狂，内心充满了感激之情，我感谢布拉德，感谢吉尔，感谢巴黎——甚至感谢波姬和尼克。没有尼克，我不会站在这里。如果我和波姬没有经历那么多起起伏伏，甚至如果没有最后那一段痛苦的日子，这就不可能成为现实。我甚至还感谢了自己，感谢自己所做的一切好的和坏的决定，正是这些决定最终把我引向了这里。"[5]

正因为他走过了很长的路，快乐才会这么强烈。轻而易举的成功不会有如此的强度；它们会显得不真实，从我们身边一晃而过。在 1999 年 6 月的罗兰·加洛斯球场[6]，阿加西满怀着他的苦难、他的过去、他的"起起落落"、他"有好有坏"的选择——还有他的失败。失败值得被爱，因为正是失败，才最终促成了如此强烈的快乐。

阿加西继续写道："我走下球场，向四方送以飞吻致意，这是我能想出表达我体内涌动的感激之情——我的其他一切情感的源泉——的最诚挚的动作。我发誓从今以后我都会这样做。当我离开球场时，无论是输还是赢，我都会向大地的四方抛出飞吻，以表达我对每个人的感激之情。"

柏格森在《心力》一书中写道："快乐总是在宣告生命获得了成功、取得了进展、赢得了胜利：所有的大喜都带有胜利的口吻。"

安德烈·阿加西与亲友们在巴黎市中心的一家意大利小型餐厅整夜庆祝这场胜利，约翰·麦肯罗[7]后来也加入了他们。比约恩·博格[8]打电话给约翰·麦肯罗，对他说这是网球史上最伟大的胜利。

"当布拉德和我走回酒店时，太阳已经冉冉升起了。他伸出一只胳膊搂住我的肩膀说：

'这段旅程终于以正确的方式结束了。'

'为什么？'

'在人生旅途中，某段旅程总会以该死的错误方式结束，但就这一次，它画上了圆满的句号。'

我也伸出胳膊搂住了他的肩膀。这是近一个

月来他预言错的少数几件事之一，因为这段旅程其实才刚刚开始。"

从这个法网冠军开始，阿加西的确重回球技巅峰，并保持了很长一段时间。他又成为世界第一（33 岁，没有人在如此高龄保持世界第一），并用他赚到的钱创建了安德烈·阿加西基金会。

阿加西披荆斩棘重回第一的事迹让我想起了约翰·特拉沃尔塔[9]在昆汀·塔伦蒂诺[10]的电影《低俗小说》中跳的那段扭摆舞。

特拉沃尔塔是电影《油脂》和《周六夜狂热》中的明星。在塔伦蒂诺萌生请他出演《低俗小说》的念头之前，他也经历了很长时间的低谷期。迪斯科的时代早已过去。20 世纪 80 年代，他出演电影的票房和口碑屡遭败绩。从 80 年代初到 90 年代中期，他不时也能取得一些成功，但都是一些像《飞跃童真》这种配不上他才华的喜剧电影。1994 年，当塔伦蒂诺找到他时，他早已过气。没有人给这位发福的舞者提供有意义的角色，他的时代早已过去。塔伦蒂诺却利用他迪斯科时代遗珠的形象，给他提供了一个角色。在特拉沃尔塔与乌玛·瑟曼[11]共舞的邪典场景中，他呈现出一种曾经沧桑的疲惫的美感。他有点小肚腩，脸也早已不是 20 岁年轻男人的样子，但从他的舞步中透出一种平静的优雅和充满人性的韵味，使这一幕成为电影史上的经典片段。如果没有那段沉沦的年月，他不可能跳出这样的舞。阿加西在1999 年赢得法网的快乐中充斥着他的失败，而特拉沃尔塔在《低俗小说》中优雅的舞步则饱含着他的岁月。

他获得了奥斯卡最佳男主角提名，《低俗小说》在戛纳电影节上斩获金棕榈奖。他的事业重振旗鼓，他也再次成为世界上最受欢迎的演员之一。如果他一直都是一个成功者，那么他后来的成功（《变脸》《细细的红线》等）就绝不会有同样的味道。

生活的快乐

战斗者的快乐也可以体现在平凡、日常的

快乐中，这就是生活的快乐。经历过苦难，才能体会简单快乐的滋味。

与芭芭拉一起在录音室工作的音乐家常常惊讶于她的和蔼与朴素。他们都了解她的过去和她的歌曲，知道她的童年曾饱受摧残，她曾度过艰难的岁月。因此，在他们的想象中，芭芭拉是一个紧张而严肃的女人。但她欢快的性格让他们惊讶。在餐桌上，她是一个开玩笑的"乐天派"。在巡演路上，她总是大笑不止。生活的快乐并非意味着按照这样那样的标准生活，也不在于取得这样那样的成功，或者达到怎样的收入水平：它就是生活本身的乐趣，这就足够了。有时，我们必须经历失败才能叩响快乐的真理之门，哲学家克莱芒·罗赛在《不可抗力》一书中的总结十分到位："没有什么比生活的快乐更能体现踏实稳定之乐了。"

我曾遇到过一些企业家，他们的态度给我留下了深刻的印象。在情形紧张、需要做出艰难的抉择时，他们却表现出冷静而愉快的态度，从而完成任务。这让我惊讶不已。每当他们已经破产或正在申请破产时，在他们所承受的一切重压之下，他们总能找到正确看待事情的力量。许多从未经历过失败的人每天都生活在焦虑和压力中，有时会让同事觉得他们厌烦可恶。我们的失败会赋予后来的成功以特别的味道，能让我们用不同的方式欣赏日来月往，坐观暴风雨后的云淡风轻。

"森林里的两排蕨类植物在秋天改变了它们的样子，行走在其中是一种成功。相比之下，一旁的选票和欢呼算得了什么？"萧沆[12]这句名言真是一语中的。有什么成功能比过在这世间一边感受生机，一边凝视大自然之美呢？当我们历尽艰辛，这种成功更显得强大，只有经历过的人才能感受。

逆境中的快乐

身处逆境时，我们使尽浑身解数，就为了触底反弹，甚至有时只是为了坚持下去。在如此情形之下，我们却能体会到身处逆境的快乐。

我们应该如何定义这种快乐？它就像勃勃生机，需要遇到困难才能迸发出来。这是战斗者的快乐，以其最纯粹的形式出现，即逆境中的快乐。

人们可能会觉得面对威胁却感到快乐，这一点十分奇怪。但这种快乐无疑是最强大、最纯粹的：我们用这样一种快乐来反抗生存之艰苦或人世之残酷，这是一种回应和反馈之道。

理解了逆境中的快乐的实质，我们就能把快乐与幸福区别开。当我们感到幸福、满足时，盘旋在幸福之上的阴影不会让幸福加倍，情况恰恰相反。反过来，当我们被威胁时，我们的快乐似乎变得最强烈、最真实。

在痛失弟弟、双目失明、母亲去世之后，雷·查尔斯仍能继续感受到快乐，这就是逆境中的快乐。

温斯顿·丘吉尔说："成功就是从失败走向失败，却没有失去热情。"这里的"热情"相当精准地解释了逆境中的快乐是指什么。

1940年6月，当戴高乐将军前往伦敦时，这样的快乐在他心中涌动不息。

当爱迪生彻夜不眠只为把灯点亮时，这样的快乐从他眼中迸发出来。

当柔道选手摔倒在地却觉得自己还能再站起来时，这样的快乐在身体里游走穿行。

当拳击手被击中却准备伸出右手回击时，这样的快乐在他肩膀上跳跃起舞。

我们也是如此，每当我们的失败重新给予我们勇气，或者当勃勃生机将我们的沮丧一扫而光时，这样的快乐也存在于我们心中。

"前行者"的快乐

在面对逆境感到快乐的同时，我们的才华和技能往往也会得到发展。亚里士多德曾解释道，生活的一大乐趣就是进步，利用生活为我们提供的机会，"更新自己的能力"。古代哲学家用漂亮的术语"前行者"（progrediens）来形容一个没有达到完美，但每天都在进步的人。做一个"前行者"，在道路上不断前行：这就是存在的目标。

然而，我们有些能力只有在遭遇失败或者

现实的阻碍之后才得以发展。

列奥纳多·达·芬奇创作一幅画需要数年时间。他画《圣母子与圣安妮》用了 15 年，甚至在去世之时仍未完成。想象一下，他年复一年地创作这幅杰作，不断地修饰、改正、调整、完善。他有过怀疑，有过犹豫，甚至当着学生的面提过放弃，但最后重新振作起来，心中充满了创造的激情。对着自己的画，达·芬奇体验到了这种"前行者"的快乐，但这并不是幸福。如果他从来没有失败过，如果他没有过放弃的恐惧，他就不会前进这么多——他的快乐也不会这么大。

"快乐，是从一个微不足道的完美过渡到一个更伟大的完美。"斯宾诺莎的话让人醍醐灌顶。这就是为什么我们有时在失败之后才能重获继续战斗的力量。失败给了我们一个更好地了解世界或者增长自己才能的机会，从而让我们成长，"从一个微不足道的完美过渡到一个更伟大的完美"。

我们也就更能理解是什么帮助 J. K. 罗琳坚

持下去，当时她没有钱也没有家，被失败感击垮，却把哈利·波特的冒险故事写在一张张纸上。这是一种双重快乐。一方面是逆境中的快乐：她在自己身上找到了反抗的力量。另一方面是"前行者"的快乐：她学会了讲故事、构造人物，让剧情以符合逻辑的方式发展，从而创造出一个全新的世界。

我们也可以想象一下，她在这家红木门面的酒吧里，伏案创作。失败的现实告诉她，她能够在逆境中找到快乐。慢慢地，"前行者"的快乐治愈了她的创伤。

笃信的快乐

最后，失败能让我们发现最彻底的快乐——也许是"最疯狂"的快乐：对一切的认可。在这种情况下，战斗者也偃旗息鼓。但他的放弃，是因为没有什么"可战斗"，这是一种肯定，一种强势的赞同。

对于斯多葛派、早期的基督徒或许多伟大的神秘主义者来说，真正的快乐是在贫困中获得的。我们必须知道如何放弃让快乐流于表面的东西——小小的成功、社会的认可、权力——才能触及本质。这种本质就是斯多葛派所谓的宇宙能量、基督徒所谓的上帝，以及神秘主义者不愿为之命名的东西。生活的困难会将我们带到这种放弃的面前，让我们与本质相遇。最彻底的失败与最彻底的成功相邻：这就是笃信的快乐。

在《不可抗力》一书中，罗赛提到了这种自相矛盾的喜悦："关于这种矛盾的快感，我们在米什莱[13]的童年记忆中能够找到另一个明显的例子：'我记得，在这场极端的厄运里，在现在的匮乏和对未来的恐惧中，敌人仅寸步之遥（这是在 1814 年！），而我的敌人每天都在嘲笑我。一天，一个星期四的早上，我蜷缩着身子，屋里没生火（到处都是皑皑白雪），我也不知道晚上会不会有面包。对我来说，一切似乎都结束了，但在我内心深处，突然有了一种纯粹的斯多葛派的感觉，没有掺杂任何宗教式的信仰——我冻僵的手拍在橡木桌子上（我到现在还一直保留着这张桌子），感到一种年轻人和来自未来的男子汉气概。'这样的文字提醒我们，快乐——就像安吉鲁斯·西里修斯[14]在《小天使朝圣者》中提到的玫瑰一样——有时能够超越任何存在的理由。因此，米什莱和西里修斯的例子说明，也许最不利的情况，没有任何理由能感到快乐的情况，才是我们捕捉快乐本质的最佳时机。"

有什么办法比失败更能引导我们进入这种"最不利的情况"呢？这种"没有任何理由能感到快乐的情况"却能让我们领悟快乐的本质。

我们可能会觉得这个想法言过其实。但我们却能从中发现直面现实的快乐，米什莱手敲橡木桌就象征着这种快乐。快乐，就是要永远关注现实，知道如何从中找到热爱：爱人的身体、洒在脸颊上的阳光、通过锻炼日益发达的肌肉，即使我身处牢房……

我们提到的神秘主义者看似放弃了一切，却保留了最本质的东西：真实。对一些人来说，

真实是宇宙的能量，对另一些人来说则是对上帝
的爱，或者生命的力量。

***

"快乐总是与现实联系在一起，而悲伤却与
幻象挣扎不休，这是它自己的不幸。"罗赛公正
地解释道。

我们即使不是神秘主义者，当我们体会到
战斗者的快乐时，我们也能直面现实：我们迟
来的胜利（给了我们重回巅峰的快乐）、我们在
世间的存在（给了我们生活的快乐）、我们承受
考验的能力（给了我们逆境中的快乐），以及我
们一步一个脚印的进步（让我们发现"前行者"
的快乐）。

快乐和失败绝非对立的两面，二者在哲学
上是相互联系的，它们都是对现实的体验。我
们因此更能明白为什么失败不一定代表悲伤，
为什么失败能够帮助我们重新站稳脚跟，走上
快乐之路。

1 克莱芒·罗赛（Clément Rosset, 1939—2018），法国哲学家，他发展出了一种认可现实的快乐和悲剧哲学，即通过快乐来从整体上把握现实，快乐就是不管怎样都要快乐。

2 出自《熙德》第二幕第二场，译文引自张秋红译本《高乃依戏剧选》（上海译文出版社，1990 年）。

3 布拉德·吉尔伯特（Brad Gilbert, 1961 年生），美国网球运动员、教练，曾拿下 20 个单打冠军，最高排名世界第四。退役后曾担任包括阿加西在内的著名网球运动员的教练。

4 安德烈·梅德韦杰夫（Andriy Medvedev, 1974 年生），乌克兰职业网球运动员，最高世界排名为第四，于 2001 年退役。

5 此处及后续引文出自阿加西自传《网》，刘世东译本（上海文化出版社，2018 年）。

6 罗兰·加洛斯球场（Stade Roland-Garros）是法国网球公开赛的比赛场地，坐落在巴黎西郊。这也是四大网球公开赛中唯一采用红土场地的赛事。赛场因纪念法国一战时的英雄飞行员罗兰·加洛斯得名。

7 小约翰·帕特里克·麦肯罗（John Patrick McEnroe, Jr., 1959 年生），常被称为"网坛坏孩子""大麦肯罗"，美国网球运动员，最高世界排名单打双打同时排名世界第一，7 座大满贯男单冠军得主，国际网球名人堂成员。

8 比约恩·博格（Björn Borg, 1956 年生），昵称"瑞典冰人"，瑞典网球运动员，单打最高世界排名第一，曾夺得包括 11 座大满贯在内的 66 个 ATP 男单冠军，为国际网球名人堂成员。

9 约翰·约瑟夫·特拉沃尔塔（John Joseph Travolta, 1954 年生），美国男演员、舞蹈家与歌手。20 世纪 70 年代，以电视剧《欢迎克特尔归来》、电影《周末夜狂热》和《油脂》而闻名。20 世纪 80 年代时演艺生涯下滑，后来凭昆汀·塔伦蒂诺的电影《低俗小说》重振声名。他凭借《周末夜狂热》和《低俗小说》获得奥斯卡最佳男主角奖提名，凭借《关人矮字》赢得金球奖最佳音乐及喜剧类电影男主角。

10 昆汀·杰罗姆·塔伦蒂诺（Quentin Jerome Tarantino, 1963 年生），美国导演、编剧、监制和演员。他电影的特色为非线性叙事的剧情、讽刺题材、暴力美学、架空历史以及新黑色电影的风格。曾获多项大奖，包括两座奥斯卡金像奖。

11 乌玛·瑟曼（Uma Thurman, 1970 年生），美国女演员和模特，因出演《低俗小说》获得当年奥斯卡最佳女配角提名。

12 埃米尔·萧沆（Emil Cioran, 1911—1995），罗马尼亚旅法哲学家，20 世纪怀疑论、虚无主义重要思想家。

13 儒勒·米什莱（Jules Michelet，1798—1874），法国历史学家，被誉为"法国史学之父"，著有《法国史》《法国大革命史》等史学名著，"文艺复兴"（Renaissance）一词就是他在 1855 年出版的《法国史》一书中提出的。

14 安吉鲁斯·西里修斯（Angelus Silesius，1624—1677），德国医生、天主教神父、神秘主义宗教诗人。

第十五章

—— 人，这种会把事情搞砸的动物

"人是唯一一种行动不确定、犹豫摸索、怀着对成功的希望和对失败的恐惧进行谋划的动物。"[1]

——亨利·柏格森

我们的思考进行到现在，你可能会有所怀疑。我们赋予失败的重要性是不是太大了？难道没有什么失败是毫无意义的吗？没有什么失败让我们一蹶不振吗？

要回答这个问题，首先得回到人类学。

"你能想象一只不会织网的蜘蛛吗？"米歇尔·塞尔在一次演讲中不怀好意地问道。蜘蛛不会失败，因为它服从于自己的本能，只遵循自己的本性。同样，蜜蜂在传达信息时也不会犯错。它们的信号完美地发出，又被完美地接收，蜜蜂之间不存在误解。"动物不会失败。"塞尔总结道。人类并非如此。我们不可能永远理解彼此，很少有人能在森林里为自己搭建一处藏身之地，但我们发明了文学和建筑。

物种层面上的情况在个体层面上也得到了证实：我们失败得越多，学到的和发现的也就越多。我们的本能不足以支配我们的行为，所以我们在行动中不断地尝试，发展出推理能力和各种本领才干，我们会发明、会进步。对于幼儿来说，事情不像其他动物幼崽那么简单，但困难让我们超越了动物。我们受自然代码决定的成分更少，因此会遇到更多的障碍，但跨过这些障碍，我们走得会比没有障碍的情况更远。

你可以比较一下出生第二天的新生儿和小马驹。新生儿不会说话也不会走路。在成功迈出第一步之前，他平均会摔倒两千次——首次成功之前的两千次失败。

小马驹则不必经历这么漫长的过程。从妈妈肚子里一出来，它就会张开蹄站起来，有时几分钟之后就会走路了。动物行为学家告诉我们，这表明小马驹是足月出生的。在它身上，大自然已经完成了它的工作。它只要跟着直觉行动就行。

与此相反，新生儿似乎来得太早了，就像一件未完成的作品，因此不得不弥补这一与生俱来的不足。这种看法并不新鲜：古希腊哲学家就相信人类被大自然"忽视"了，并将文化视作这种忽视的间接结果。这个假设贯穿整个哲学史。比如，费希特 [2] 就在 1796 年总结道："简言之，所有动物都是完成的和终结的，人则只是被暗示和勾画出来的……大自然完成了自己的一切工作，只不过没有再援助人，而对人听之任之。" [3]

被遗弃、未完成的新生儿必须从失败中吸取教训才能进步。不仅如此，孩童还能从前人的失败中吸取教训，这是文明的特征。出生三个月后，新生儿就已经踏上了一条不平凡的道路。小马驹却不然。新生儿学会走路需要 10 到 15 个月的时间，最后却能学会开车和驾驶飞机。

卢梭在这种"自我完善的能力"中看到了只属于人类的东西：摆脱了对本能的屈从，人能够不断改进，不断纠正错误。卢梭写道，自我完善的能力是"在环境的助力之下，不断地发展所有其他的能力，它既存在于人这个种类之中，也存在于个人身上。动物则不同，几个月大的动物与它之后一辈子的样子毫无差别，它的种类在一千年之后依然是最初那年的样子。"[4]。

对于人类来说，知道如何生活，就是知道如何失败，并从自己和同类的失败中汲取点什么。当然，有时动物也会从失败中吸取教训。野猫知道应该抓住老鼠的哪个部位老鼠才咬不到它，狐狸知道不能吃浆果否则又会得病。与它们本能知道的东西相比，这种学习微不足道。

20 世纪初，人类在出生时"不完整"的假设首次得到科学证实。1926 年，荷兰生物学家路易斯·博克将人类定性为早熟的物种，即他所定义的"幼态延续"[5]。作为他工作的延伸，一些动物学家把人类的胚胎发育与类人猿（黑猩猩、大猩猩、红猩猩）进行比较之后，估计人类的妊娠期应该持续 21 个月，而不是 9 个月。胚胎学家得出的结论是，人类胎儿的细胞发育到足月需要 18 个月的时间。因此，人类胎儿的妊娠期少了 9 到 13 个月：大自然的败笔是神圣的。

这是一件好事。正因为我们来到这个世界太早了，我们不得不从不断的尝试、考验和失败中吸取教训。

让我们更进一步：我们不仅仅是会搞砸事情，然后从自己和同类的失败中学习的动物；我们还是失败的动物，出生得太早，不完美。但是我们内在的这种来自大自然的失败就像一股烈火，是推动我们进步的引擎。

例如，弗洛伊德在这种早产中看到了——可能是鉴于人最终能站立起来的事实——我们成为具备道德的存在物的原因。他在一部早期著作《科学心理学大纲》中写道："人类最初的无助成为所有道德动机的主要来源。"弗洛伊德问道，面对如此脆弱的新生儿，人如何能不负起责任来？人怎能不负起保护新生儿的义务呢？我们在对抗大自然失败的过程中，成为有道德的人。

出于同样的原因，我们因为维护新生儿的依赖性而成为社会的一员。人际关系和家庭关系至关重要，其源头可能就是婴儿早产而遭受的痛苦。

因此，大自然强加给我们的失败让我们变得伟大。当人不让一个弱者死去，当人停下来搀扶老人时，人就成了人。人因拒绝进化的自然法则而成为人：在我们的文明中，弱者也有生存的权利。

我们每个人都在童年重复着我们物种进化史中曾发生的事情：我们长大后就丧失了天生的侵略性。在我们很小的时候就把文明主要的禁令内化于心：我们不允许自己表达过度不合群、带有攻击性或者性的冲动。弗洛伊德把这个过程叫作"压抑"。这种压抑让我们变得文明，把我们天生的攻击性转化为一种能量，即"力比多"，而我们会把它用到其他地方，比如投入工作，转化为对学习的渴望，或者变成创造力。我们赋予力比多另一种形式，在我们的文化中把它上升到精神层面。用弗洛伊德的话说，我们把它"升华"了。最终，让人高兴的是，我们的自然冲动没有实现它的目标：正因如此，我们才拥有了创造力，变得文明，成为真正的人类。

因为我们是失败的动物，所以我们具备了升华的能力。

因为我们有升华的能力，所以我们是会失败，但能触底反弹的动物，我们会分析我们的失败，然后继续前进。

每当我们怀疑失败的美德，感到受伤或者觉得自己渺小无用时，我们应该记住，是什么让我们成为人：我们与野兽不同，因为我们知道如何从失败——从我们所有的失败——中汲取力量。

这个失败是我们作为早产儿，大自然强加给我们的失败。

这个失败是我们带有攻击性的冲动，但我们能将它升华。

这个失败是我们在谋划中遭遇的失败，我们从中学到了很多，甚至并没有意识到这一点。

我们既是会失败的动物，也是失败了的动

物，原因只有一个：我们是自由的。为了说明这一点，笛卡尔提出了"机械动物"的理论，尽管没有被人理解。

在《致纽卡斯尔侯爵的信》中，笛卡尔提到要把动物看作机器，这样才能理解动物身体运作的原理。把马的心脏看作水泵，把动脉看作传动带，这样有助于解释马是如何"行走"的。他因这个类比而遭受批评，因为他否定了动物的痛苦。然而，《第一哲学沉思》的作者当然知道动物会感到疼痛。实际上，笛卡尔提出这一理论是想强调别的东西：动物的行为和反应遵循本能的规则，完美到它们就像是自动的、机械的。相比之下，笛卡尔想要展现我们人类行为的不同之处。我们不像机器那样"运转"，这才更好！如果说动物是能工作的机器，那我们宁愿当运转失灵的机器。我们真的太自由、太复杂了。我们会犹豫、怀疑，我们会头晕、痛苦。没有动物会和我们一样，既想要一件东西，又想要它的对立面。有时，我们无法相互理解，那是因为我们使用语言不只是为了传递消息或者发送信号。成为人就不能成为机器：笛卡尔基本上就是这个意思。这个想法很妙。

我们是失败的动物，是不能运转的机器。我们的失败证明了这一点。因此，每次失败都是在跟我们确认，我们是多么自由——即使我们似乎已经被失败所压垮。

最后，在我们同欲望的关系中，还有一种失败的经历能让我们变得伟大，这就是我们内心有一种一直无法填补的缺失感。

其他动物——那些"成功"的动物——只有需求，一旦得到满足，他们就什么也不缺。我们则不一样：我们的基本需求得到满足之后，我们会衍生出其他欲望，我们会"缺"某些东西。我们的欲望永无止境，刚满足一个欲望，另一个就接踵而至。然而，我们最初的愿望就如一个圣杯。每当我们够到它时，它就会在别处出现。似乎在我们一个接一个欲望的背后有一种不可靠近的东西：我们的欲望正是指向了这些不可能，因此才与自然的需求区分开来。

柏拉图相信，究其根本，所有欲望都是对

224

永恒的渴望。黑格尔想法相同，但是用承认代替了永恒。他认为，所有的欲望本质上都是对我们价值绝对承认的欲望，而从根本上说，这种承认是我们永远无法获得的。在弗洛伊德看来，在所有欲望的最底层，都有回到子宫的幻想——当然这也是不可能的。拉康作为柏拉图、黑格尔和弗洛伊德的继承人，将我们晦暗而无法企及的欲望对象命名为"客体小 a"。

这些想法都是相通的：欲望，就是对不可能的渴望。人没有得到满足，却发现了更伟大、更有创意、更具想象力、更富活力的自己。感谢这种缺失感，感谢我们一而再再而三都无法满足的欲望，我们一直勇敢、不安、好奇、雄心勃勃。一言以蔽之，我们成了人类。如果这个欲望得到了满足，那么这个探索就会结束，我们的创造力就会枯竭。我们会心满意足，心平气和，这是一种类似死亡的平静。这难道不是最糟糕的失败吗？

法语的"欲望"（desirer）一词，从其拉丁语词源来说，来自"desiderare"，罗马占星家和占卜师把它与"conceptare"区分开来。"conceptare"意为观星，以知命运。而"desiderare"的意思则是对星星的缺席感到遗憾，是没有看到命运的吉兆，是要"寻找失落的星星"。

这个对欲望的定义极好。它讲出了我们所有人的感受，那是当我们坚持不懈地追求却得不到满足时的感受，是当我们感受到让我们充满活力的这种缺失时的体验。我们在寻找我们失落的星星。不管它被称为永恒、承认还是回到子宫，重要的是，它永远遥不可及。

欲望的这种力量无疑是我们与动物最大的区别。动物，比如高等哺乳动物，有意识，会感到痛苦，害怕死亡，有道德行为，有利他表现。随着动物行为学——即研究动物行为的科学——的进步，定义人类的专属特性变得越发困难。人和动物的界限越来越模糊。但迄今为止没有研究表明这些动物会寻找他们"失落的星星"。人与动物的差异可能就在这里。动物不会穷尽一生去追寻不可能的事情。我们却会。这可能是我们的存在变得有滋有味的原因。

柏格森写道："人是唯一一种行动不确定、犹豫摸索、怀着对成功的希望和对失败的恐惧进行谋划的动物。"

的确，人这种动物有时会犹豫不决，但这正是因为我们是自由的。我们摸索，不过是因为在寻找我们的星星。

---

1 出自《道德和宗教的两个来源》第二章《静态宗教》。

2 约翰·戈特利布·费希特（Johann Gottlieb Fichte, 1762—1814），
德国作家、哲学家，古典主义哲学的主要代表人之一，其哲学思
想上承康德，下启黑格尔。

3 出自《自然法权基础》第二编《法权概念适用性的演绎》，译文引
自谢地坤、程志民译本（商务印书馆，2004 年）。

4 出自《论人类不平等的起源和基础》，译文引自黄小彦译本（译林
出版社，2013 年）。

5 幼态延续（néoténie）是指一个物种把幼年的甚至胎儿期的特征保
留到幼年以后甚至成年期的现象。以人类为例，人类没有体毛、头
大，是将胎儿特征保留下来；人类好奇、有学习兴趣是将幼儿时
期特征保留下来。

第十六章

—— 我们反弹的能力是无限的吗？

本书从一开始就涉及关于失败的智慧的两种相互冲突的观念。

　　如果我们在失败中看到的是反弹、重塑自我的机会，或者发现自己可以转而从事其他事情，那么我们遵循的是"生成"的逻辑。

　　如果我们把失败看成一种失误行为，揭示了无意识欲望的力量，或者把失败当作一个拷问自己本质愿望的机会，那么我们遵循的则是"存在"的逻辑。

　　对于前者，失败的智慧是存在主义式的：失败是想知道自己能成为什么。对于后者，失败的智慧是精神分析式的：失败是自问我们是谁，我们内心深处的欲望是什么，去了解失败的真相并试着分析它。

一边是萨特，一边是弗洛伊德和拉康。

在我们的反思中，这两种智慧常在不经意间表现出矛盾来。二者真的是水火不容的吗？如果我们选择一条路走到底，那么答案就是肯定的。

对于萨特来说，"我是什么"、我的"本质"或者我的"深层欲望"是我必须回避的问题。光是提出这个问题就意味着抑制自我，限制我的自由。正因为"我不是"，我反弹的能力才是无限的：直到我生命结束，才是真的"游戏结束"。萨特说，直到我死的那一天，我才会开始"存在"，因为只有我变成一具尸体之后，我才会拥有"本质"。在那之前，可能性是无限的。

相反，与萨特同时代的拉康则认为，本质上，我是由我的无意识欲望构成的。这种欲望在我体内就像一种命运：它是我家庭历史的结果，是一个我不得不绕着转的轴心。因此，不可能无限地革新自己：我必须尽量满足我的欲望，才能维持我的生活。

从这个角度来看，米歇尔·图尼耶在哲学科教师资格会考中屡次失败是失误行为，揭示了无意识的欲望。同样，对于一个拉康主义者来说，皮埃尔·雷伊的抑郁症只能意味着他没有忠实于自己的欲望，而欲望则承自他的过去。所以只有当他最终肯面对无意识的真相时，才能够触底反弹。

面对这样的矛盾，可以采用不同的态度。

选项一：选边站。这其实是一种信仰：要么相信萨特的完全自由论，要么相信弗洛伊德的无意识决定论，总之要在 20 世纪的大辩论中选边站队。我在之前的《沙发上的哲学家》一书中论述过这场大辩论。书中假想了一个封闭的房间，萨特和弗洛伊德在那里见面。这位存在主义者去了精神分析师的工作室，然而，当他在沙发上一躺下来，我们就明白了他只是为了向弗洛伊德证明"无意识"并不存在……

直到今天，我们仍然可以在行为主义治疗

师与弗洛伊德或拉康式精神分析师之间的对立中
看到这种争论。前者认为在沙发上一躺就是几个
月甚至几年，对于从失败中恢复毫无意义。要重
新开始，他们提出了不同的方法：改变看事物的
角度，学会先看到半满的水杯里的水，"重新设
计"自己进而迈向成功。后者指责前者否认无意
识的存在，只能改变症状，反而会让病人陷入重
复的失败中。前者认为短暂的治疗即可，后者警
告说停止对自己撒谎需要时间。

　　第二种选择：不同年龄采用不同的方式。大
约二十岁左右的人更喜欢沉浸在存在主义中。等
过几年，他就会躺在沙发上，希望了解自己的欲
望。年轻时把失败当作一种经历，它是驱使人前
进的引擎，是探索新道路的机遇。年纪大一点之
后，把失败作为回顾过去的时机，扪心自问：我
们想成为什么样的人？我们怎么样才能从没有选
择的事物中得到些启发？

　　我教的高中学生年龄介于 16 至 18 岁之间。
当我谈及他们自己并不知道的无意识欲望，当我

对他们说这种欲望可能来自他们的童年，甚至他们的长辈时，他们纷纷瞪大了眼睛。即使这个假说能激起他们的好奇心，他们也听不进去。与此同时，没有什么比萨特勾勒的那种无限可能、完全自由、痛苦但对自己负责的愿景更吸引他们的了。相反，当我在公司里对着年纪更大的观众做演讲时，我看到的情景是，一提到被背弃的欲望和忠于自我，观众就深受触动。经验告诉他们，萨特完全自由的思想是怎样的一种对现实的否定。

第三个也是最有吸引力的选择：试着超越这种对立。试着尽可能地重塑自己，但要忠于自己的欲望。利用失败、分岔和反弹来接近你的"轴心"——对你来说最重要的事情。这正是尼采"成为你所是"的意思。

成为：不要让自己被失败所束缚，把失败变成机会。

你所是：但不要背叛对你来说真正重要的东西、让你与众不同的欲望。

在《精神分析的伦理学》研讨班的结尾处，拉康断言："至少从分析的角度来看，一个人唯一有罪的就是在自己的欲望上让步。"我们必须忠于的这个"欲望"是什么？我们有一种把它固定住、将它转化为本质或命运的倾向。但我们也可以把它看作是一种结果，是我们的过去、我们童年的生活方式、我们对反社会冲动的压抑、我们在兄弟姐妹中的位置、在父母筹划中的地位等带来的结果。

成年后，我们必须从其他欲望中找出最重要的那一个，这一要求会贯穿我们一生，而不会将我们固化：这只是确定我们是"什么人"，在"什么地方"，承认我们的现在承自我们的过去，而并非像存在主义式的英雄或反英雄一样，可以是"任何一个人"，在"任何一个地方"。只要我们愿意，我们可以继续生成，但"不在自己的欲望上让步"，不背叛我们继承的东西。

这里的困难在于，我们要把继承所得的东西称为欲望，用我们别无选择的东西来定义我们的欲望。在自由意志和主权意识滋养下成长起来的西方人会抗拒这种想法。然而，这只是一个常识而已。我们是童年的孩子，更重要的是，我们是背负着几代人过往历史的孩子。我们怎么能否认这样的历史会引导我们成为我们自己，会引导我们寻找最初的渴望呢？当然，这并不意味着把命运牢牢别在我们身上。

尼采早就断言，伟大的奠基者是那些坦承自己首先是一个继承者的人。其他人浪费了太多的精力来隐藏自己，这让他们没有足够的力量继续成长。当我们知道我们来自哪里，拾起所有继承而来的过去，我们仍可以自由地围绕我们的轴心跳舞。革新自己，但始终忠于我们无法改变的东西。只有了解土壤，种下的树才能长大。我们的失败可以帮助我们了解这片土壤的性质，而我们则需要行动起来，学会在上面跳舞。

与一些治疗师声称的恰恰相反，我们的反弹能力并非无限。但是，如果我们坚守对我们重要的事情，那我们反弹的能力仍然会很强大。回想一下戴高乐、芭芭拉、理查德·布兰森和大卫·鲍伊的例子。他们不管成功或者失败，都忠于自己的追求，围绕着他们的轴心起舞，最终取得了成功。鲍伊改变了自己的面孔、形象、音乐流派，用音乐重塑自己，但他仍然忠于自己的想法。他忠于的不是"身份"，也不是自己的本质，而是自己的谋划、自己的缺失感，忠于自己的星星。这就是我们认可他、喜爱他的地方。无论是哪个时期、哪张专辑，他的声音都在表达这种忠诚。

我们因知道自己的欲望而愈加自由。认定我们的追求，这是我们绝不能屈服的东西，这让我们既更不自由又更加自由。更不自由是因为并非一切皆有可能。更加自由是因为我们一直围绕"自己的轴心"，忠于我们的欲望，我们因此变得更好。

哲学方向有两个，但失败的智慧只有一种：在限制中敞开我们的自由。

结

语

法语中的"失败"（échec）一词来自阿拉伯语 "al sheikh mat"，意思是（国际象棋中的）"将死"，"国王死了"。

我写这本书是为了说明事情恰恰相反：失败之后，我们心中的国王不会死。他甚至可能在这时才能意识到自己的力量。伟大的国王因战斗而伟大，他们自己都会感到惊讶，同时又将伟大的自己展现给他人。失败当然不是一件愉悦的事。但它为我们打开了一扇通往现实的窗户，让我们能够发挥自己的能力，让我们靠近最隐秘的追求和最深切的欲望。国王受伤了，国王万岁！

但"失败"一词源自阿拉伯语一说是有争议的。"失败"一词也可能来自波斯语 "sha

mat"，意思是"国王大吃一惊"。我们的失败确实会让我们好奇，有时甚至让我们感到惊讶，因为我们反弹的能力如此强大，因为失败能让我们更贴近他人和自己，能让我们张开双眼。失败之后才能理解，在简简单单的生活的快乐中，有着如此强烈的东西，失败之后也才能懂得，在美丽的世界里存在奇迹。

"失败"也可能就来自古法语"eschec"。这个词出现于11世纪，意思是战利品；战利品是军队从敌军那里拿走的东西，是抢劫所得。它也可以指植物学家采集的东西。但无论如何，它是胜利的标志。我们更倾向于相信这个词源，因为它最能指引我们了解失败的智慧。

我们的失败是战利品，甚至是真正的宝藏。你必须冒着生活的风险去发现它们，并通过分享它们来估算价值。

附

录

如　果

鲁德亚德·吉卜林

如果你看到你生命的作品毁于一旦，

而一言不发便开始重塑，

或者在顷刻间失去所有，

却没有任何表示也不唉声叹气；

如果你爱人而不为爱疯狂，

如果你强大而不失温柔，

在感到被人仇恨时，却不记恨别人，

努力为自己辩护；

如果你能忍受听到你的话

被乞丐歪曲用来激怒傻瓜，

听到他们愚蠢的嘴传播你的谣言

而你自己一个字也不说；

如果你能受人欢迎而得到尊重，

如果你能为国王出谋划策而只是一介平民，
如果你能爱人像爱自己的兄弟，
但没人是你的全部；

如果你会冥想、观察和认识
而绝不变成一个怀疑者或破坏者
做梦吧，但不要被梦主宰
思考吧，但不要只当一个思考者；

如果你能坚强而不动怒，
如果你能勇敢而不鲁莽，
如果你知道如何做好人，如何当聪明人，
而不当卫道士也不迂腐；

如果你在失败后遇见成功
用同样的脸色接待这两个说谎者，
如果你能保持你的勇气和理智
哪怕其他人都将它们统统失去……

那么国王、神祇、运气和胜利

都将拜倒在你脚下,

比国王和荣耀更值得的是,

你将成为真正的男子汉,我的儿子!

成就了这本书的书

安德烈·阿加西,《网》

阿兰,《论幸福》

汉娜·阿伦特,《人的境况》

加斯东·巴舍拉,《科学精神的形成》

塞缪尔·贝克特,《最糟糕,嗯》

亨利·柏格森,《心力》《思想和运动》

帕特里克·布舍龙,《法兰西公学院开班课》

大卫·巴克利,《大卫·鲍伊,奇怪的迷恋》

阿尔贝·加缪,《在瑞典的讲话》

埃马纽埃尔·卡雷尔,《王国》

勒内·夏尔,《早起的人们》《沉醉集》

温斯顿·丘吉尔,《战争回忆录》

萧沆,《诞生之不便》

高乃依,《熙德》

查尔斯·达尔文,《贝格尔号航海志》

笛卡尔,《谈谈方法》《给纽卡斯尔侯爵的信》《哲学原理》

爱因斯坦,《我的世界观》

《圣经·马太福音》，路易·塞贡译

费希特，《自然法权基础》

弗洛伊德，《精神分析论文集》《文明及其不满》

夏尔·戴高乐，《战争回忆录》《希望回忆录》

朱利安·格拉克，《忧郁的美男子》

菲利普·阿亚特，《未来触手可及》

赫拉克利特，《残篇》

黑格尔，《精神现象学》

尤根·赫里格尔，《箭术与禅心》

弗里德里希·荷尔德林，《拔摩岛》

康德，《实践理性批判》

鲁德亚德·吉卜林，《如果》

雅克·拉康，《拉康选集》《精神分析的伦理学》

马可·奥勒留，《沉思录》

蒙田，《随笔集》

拉斐尔·纳达尔和约翰·卡林，《拉斐》

尼采，《查拉图斯图拉如是说》《不合时宜的沉思》第二篇

克洛德·奥内斯塔，《无拘者的统治》

马塞尔·普鲁斯特，《在少女们身旁》

皮埃尔·雷伊，《在拉康那里度过的一季》

马蒂厄·里卡尔，《为动物辩护》

克莱芒·罗赛，《不可抗力》

让－雅克·卢梭，《论人类不平等的起源和基础》

让－克里斯托夫·吕芬，《不朽的远足：我的孔波斯特拉之行》

圣奥古斯丁，《忏悔录》

让－保罗·萨特，《存在主义是一种人道主义》《存在与虚无》《恶心》

塞内卡，《论生命之短暂》

巴鲁赫·斯宾诺莎，《伦理学》

米歇尔·图尼耶，《桤木王》《星期五或太平洋上的灵薄狱》

马克·吐温，《哈克贝利·费恩历险记》

出版后记

　　哲学作为治疗，这种古老的观念两千年来持续影响着哲学家，并且惠及大众。纵观其内部，充满与心理学、社会学、物理学、医学相关的"人学"智慧。它提醒人们，要不断追问大问题，不光有利于丰富智识，更能让心灵获益。

　　在这套丛书中，你将读到来自海内外哲学界专家学者的短篇作品：关于严谨哲学如何拨动人类内心深处的琴弦，解答当下社会发生的实际问题，拨开现象的迷雾，安抚人性的躁动不安，助你走出价值死胡同。在这个意义上，你可以将它视为一套陪伴指引型的实用锦囊，通过它，找到适用于你自己的幸福生活的尺度。

　　本书以"失败的美德"为主题，讨论了为什么以及如何珍视失败。作者谈到法国人对失败避之不及，西方哲学家也鲜少歌颂失败的价值。人们往往遭遇失败，甚至在受到挫折和质疑时表现得异常激动、悲观，失去斗志。或者以牺牲更多的主体性和创造力为代价，过早地踏上了一条自大且无趣的成功道路。在中国亦有类似的传统——我们习惯于瞒忧报喜，避重就轻。而本书正是让你大幅转变畏难心态，正面迎接失败，并且触底反弹的武器。在阅读本书时，不妨抓住你（或你的学生、你的孩子）脑海中闪过的失败经历，试着克服"不堪回首"的尴尬，鼓起勇气审视它们吧！你会发现，其实你（或你的学生、你的孩子）已经从失败中学到了很多，而且还有很多可以学。为此，我们在书中随机插入了两页空白供随手记录。

最后，译者不仅早就在法国书店和法语版有过几面之缘，而且将自身的知识和体悟融入翻译，为消除文化隔阂而反复查实、修订。感谢他的倾力工作。

图书在版编目（CIP）数据

庆祝我们的失败 / （法）夏尔·佩潘著；杨恩毅译
. -- 上海：上海文化出版社，2023.4
ISBN 978-7-5535-2674-4

Ⅰ.①庆… Ⅱ.①夏… ②杨… Ⅲ.①成功心理—通
俗读物 Ⅳ.① B848.4-49

中国国家版本馆 CIP 数据核字 (2023) 第 023603 号

First published in French by special arrangement with Allary Editions in
conjunction with their duly appointed agent 2 Seas Literary Agency and co-
agent The Artemis Agency under the title:
Les Vertus de l'échec by Charles Pépin ©Allary Editions 2016

本书简体中文版权归属于银杏树下（上海）图书有限责任公司
图字：09-2022-1045 号

出 版 人	姜逸青
策 划	银杏树下
责任编辑	葛秋菊
特约编辑	罗泱慈
封面设计	DarkSlayer

书 名	庆祝我们的失败
著 者	[法] 夏尔·佩潘
译 者	杨恩毅
出 版	上海世纪出版集团 上海文化出版社
地 址	上海市闵行区号景路 159 弄 A 座 3 楼 邮编： 201101
发 行	后浪出版咨询（北京）有限责任公司
印 刷	天津联城印刷有限公司
开 本	787mm×1092mm 1/32
印 张	8.5
版 次	2023 年 4 月第 1 版 2023 年 4 月第 1 次印刷
书 号	ISBN 978-7-5535-2674-4/B.023
定 价	68.00 元